基于 FPGA 的 Qsys 计算机体系结构实践教程

杨 军 田粉仙 李 娟 李 俊 编著

科学出版社

北 京

内 容 简 介

本书共 5 章：第 1 章对本书的教学意义、应用价值及实验须知、实验报告要求进行相关概述；第 2 章对硬件开发工具 Quartus Ⅱ 13.0、集成开发工具 Qsys 的设计流程及功能详解等进行介绍，再结合实例进行讲解，为后续学习打下扎实基础；第 3 章设计了 10 个基于 FPGA 的数字系统常用基本器件实验，引领读者快速入门，使读者掌握 FPGA 技术设计数字系统实验基本技巧，并培养 Quartus Ⅱ 13.0 软件设计能力；第 4 章详细地介绍计算机体系结构中基本组成部件及指令系统的基本实验设计过程，通过上述实验，让读者理解掌握计算机体系结构基本组成部件功能原理，同时培养读者独立使用 TDX-CMX 硬件设计平台的能力；第 5 章主要是基于 Qsys 的 7 个综合开发实例实验设计，使读者进一步提高对 Qsys 系统的理解和掌握；附录部分介绍了硬件设计平台 TDX-CMX 及 DE2 开发板。

本书可作为普通高等院校计算机科学与技术、信息安全、电子信息工程、通信工程、自动化等专业学生的教材，也可供从事 FPGA 开发的科研人员使用。

图书在版编目(CIP)数据

基于 FPGA 的 Qsys 计算机体系结构实践教程 / 杨军等编著. —北京：科学出版社，2020.11

ISBN 978-7-03-066881-3

Ⅰ. ①基… Ⅱ. ①杨… Ⅲ. ①可编程序逻辑阵列－系统设计－高等学校－教材 Ⅳ. ①TP332.1

中国版本图书馆 CIP 数据核字(2020)第 224147 号

责任编辑：于海云 董素芹 / 责任校对：王 瑞
责任印制：张 伟 / 封面设计：迷底书装

科学出版社 出版

北京东黄城根北街 16 号
邮政编码：100717
http://www.sciencep.com

北京凌奇印刷有限责任公司印刷
科学出版社发行 各地新华书店经销

*

2020 年 11 月第 一 版 开本：787×1092 1/16
2024 年 8 月第四次印刷 印张：15
字数：335 000

定价：59.00 元
(如有印装质量问题，我社负责调换)

前　言

"计算机体系结构"课程是计算机专业很重要的一门专业基础课,其工程性、技术性和实践性都很强。FPGA 技术是 21 世纪计算机技术领域的发展趋势,而基于 FPGA 的 Qsys 技术更是当前电子系统设计领域最前沿的重点技术之一,这些为"计算机体系结构"课程的实践课程提供了新的方法和手段。为适应现代电子设计技术的迅速发展,使理论教学和实践教学紧密结合,培养学生的动手能力和解决工程问题的能力,基于 FPGA 的 Qsys 系统设计技术应运而生。Qsys 技术开发的 SOPC 系统不仅可以有效提高开发者的工作效率,且相比于传统 SOPC Builder系统互连架构,该技术可使设计的系统拥有更快的时序收敛,可较大地提升系统识别指令的速度和精度,基于以上优势,编者编写了本书。本书主要内容包括 Quartus Ⅱ 13.0 硬件开发工具及 Qsys 系统集成开发工具的实例介绍、基于 FPGA 技术的简单器件编程实验、基于 Qsys的计算机体系结构基础实验和基于 Qsys 的综合开发案例。通过本书的学习,读者不仅能够深入理解计算机的体系结构,而且能够掌握现代计算机硬件设计技术。

近些年来,由于 EDA 技术和计算机硬件设计仿真技术的发展,"计算机组成与体系结构"课程的实验课程有了新的方法和手段。本书从 FPGA 基本可编程器件+EDA 软件+硬件描述语言的现代数字系统设计的方法出发,在学生掌握了 VHDL 后,进一步学习 Altera公司系列设计软件 Quartus Ⅱ 13.0、Qsys 集成开发工具和 TD-CMX 综合实验平台,并以此来学习研究计算机组成与系统结构的原理、方法,这对他们今后的设计工作有很大帮助。

本书是编者结合多年的实践教学经验,针对学生面临的实际问题,参考了大量设计书籍和技术文献组织编写而成的。在这里向这些资料的作者表示衷心的感谢。本书的实验内容充分吸纳借鉴了西安唐都科教仪器公司(后简称唐都公司)和 Altera 公司的工程师的经验和资料,尤其感谢唐都公司的技术人员,他们在实例设计中给予了大量的技术支持,提高了本书的实用价值。

杨军、田粉仙、李娟、李俊完成本书的主要编写工作,另外,张坤、梁颖、李克丽、孙欣欣等在资料的收集、整理和源代码的设计、分析、仿真等技术支持方面做了大量工作,孟圆、王圣凯、陈艳霜、毕方鸿等为书稿的录入、排版、绘图也提供了帮助,在此一并向他们表示衷心的感谢!本书得到了"云南大学一流本科专业建设项目"的资助与支持。

本书涉及的知识范围广、内容多,作为本硕一体化实验课程的指导书,尽可能为读者提供较多的帮助和指导。本书包含丰富的实例工程文件和程序源代码等电子资源,读者稍加修改便可以应用于自己的研究工作中或者完成自己的课题。

由于编者水平有限,加之编写时间仓促,书中难免有不足和待完善之处,恳请广大读者批评指正。

注:本书所有源代码请打开网址 www.ecsponline.com,在页面最上方注册或通过 QQ、微信等方式快速登录,在页面搜索框输入书名,找到图书后进入图书详情页,在"资源下载"栏目中下载。

编　者
2020 年 7 月

目　录

第1章 概　　述

1.1　课　程　概　述

"基于 FPGA 的 Qsys 计算机体系结构实践"是计算机科学与技术、信息安全、电子信息工程、通信工程、自动化等专业的学生必修的一门专业基础课。它要求学生具备用 VHDL（或 Verilog HDL）进行数字逻辑设计的能力，掌握基本的数字逻辑技巧，在 Quartus Ⅱ 13.0 硬件开发工具上设计简单的 FPGA 常用基本器件；掌握计算机体系结构基本理论的同时，将唐都公司的设计平台 TDX-CMX 与 Altera 公司的 Qsys 技术相结合，具体分析与设计体系结构的几大基础部件；在前期知识储备充足的基础上，设计基于 Qsys 的综合实践开发案例，为后续 SOPC 专业课程的学习和从事计算机相关行业的设计工作打下良好的基础。"基于 FPGA 的 Qsys 计算机体系结构实践"是一门理论与实践结合的课程，注重提高学生对所学内容的感性认识和对知识点的理解，培养学生分析问题、解决问题的能力。

开设"基于 FPGA 的 Qsys 计算机体系结构实践"课程，可以巩固加深和拓宽课堂教学的内容，将理论知识应用到实践中；培养学生的硬件编程思维，熟练掌握 Qsys 技术，设计 FPGA 常用基本器件和 SOPC 嵌入式系统；可以帮助学生更好地了解体系结构基础部件的功能、设计思想和设计方法。随着电子技术的发展，芯片的复杂程度越来越高，用可编程逻辑器件设计的计算机体系结构基础部件，具有简化系统设计、增强系统可靠性及灵活性的优良性能，Qsys 技术是当前电子行业所采用的先进技术手段，体现了现代 EDA 电子技术的发展动态，有着较强的实际应用价值。我们将先进的基于 FPGA 的 Qsys 工具引入 SOPC 实验教学中，目的是让学生在初步掌握计算机体系结构组成部件的设计思想和方法的同时，能够使用 Quartus Ⅱ 13.0 进行 VHDL（或 Verilog HDL）的编程、编译，使用专业仿真软件 ModelSim 对数字系统进行功能和时序仿真，使用 Qsys 进行嵌入式系统设计。实验就是设计的过程，通过对这些设计软件平台和工具的学习运用，要求学生掌握使用 EDA 软件进行数字系统的设计与调试方法，掌握基于 VHDL（或 Verilog HDL）的模块设计方法，最终学会复杂数字系统的分析、设计、电路调试及故障查找方法；培养学生在整个实验过程中耐心、细致的科研作风，鼓励学生勇于开拓创新，培养学生的实践动手能力和团队合作精神，以及分析和解决实际问题的能力。

1.2　实　验　须　知

本书对实验过程中用到的软件进行了详细的介绍，包括设计流程、功能详解及实例讲解，建议学生在开始实验之前先认真回顾已学过的计算机组成原理、计算机体系结构及 VHDL 理论知识，并按实例讲解步骤进行演练，这将有助于学生快速掌握设计软件的使用。

基于 FPGA 的 Qsys 系统设计实验可分为实验准备、设计调试、实验结束后的总结分析和书写实验报告三个阶段。实验前要认真预习和充分准备，实验过程中仔细操作和认真记录，对实验中出现的故障和问题，要逐级按流程查找，在排除故障和问题的过程中，应对故障和问题的现象、查找错误的方法、修改后的设计方案等做详细的分析记录。为完成好每次实验任务，学生需要做好以下三方面的工作。

要求 1：实验课前必须认真预习，写出实验预习报告。

学生根据实验任务书中的任务，预习相关的理论知识，了解实验目的、实验原理、实验任务及要求、实验方法等，写出预习报告。

要求 2：实验课中认真仔细地操作，完成实验任务。

实验过程中积极思考、认真操作、互相配合；对实验中遇到的故障、问题及解决方案，进行分析、探讨及总结归纳。

要求 3：实验课结束后认真进行实验总结、分析，书写实验报告。

对实验结果进行总结、分析，书写实验报告，实验报告要体现出设计者的设计实现方法、手段，分析问题及解决问题的能力，实验的现象及结论。

1.3 实验报告要求

实验报告是实验的总结，认真填写实验报告可加深对实验的理解和掌握。实验报告的具体要求如下：

(1) 将实验预习报告和实验总结报告按规定统一排版装订成完整的实验报告。

(2) 实验报告要体现出设计者的设计思想，分析问题和解决问题的方法。

(3) 分析实验结果，判断设计电路的逻辑功能是否满足设计要求，对调试中遇到的问题及解决方法进行分析总结。

(4) 实验报告需粘贴仿真波形、引脚分配情况、封装后的元件符号等截图，并附上实验设计源程序。

第2章 常用 FPGA 开发工具

FPGA 开发工具比较多，不同 FPGA 公司都有自己的开发工具，目前市场上比较流行的生产厂家主要是 Altera 公司和 Xilinx 公司。本章重点对 Altera 公司的硬件开发工具 Quartus Ⅱ 13.0 和专业仿真工具 ModelSim 10.1 进行详细介绍。首先介绍设计软件 Quartus Ⅱ 13.0 的使用方法。

2.1 硬件开发工具 Quartus Ⅱ 13.0

2.1.1 Quartus Ⅱ 13.0 简介

Altera Quartus Ⅱ 13.0 硬件开发工具提供了完整的多平台设计环境，能够直接满足特定设计需要，为可编程芯片系统提供全面的设计环境，这一软件实现了性能最好的 FPGA和SoC。与以前的软件版本相比，该版本可以面向高端 28nm Stratix V FPGA 的设计，编译时间平均缩短 30%，最多可缩短 70%，增强了包括基于 C 语言的开发套件、基于系统/IP 以及基于模型的高级设计流程，进一步扩展了在软件效能方面的领先优势。此外，Quartus Ⅱ 13.0 软件为设计流程的每个阶段提供 Quartus Ⅱ 13.0 图形用户界面、EDA 工具界面和命令行界面。本章将对整个设计流程进行介绍，使用户对 Quartus Ⅱ 13.0 的使用方法有一定了解。

2.1.2 Quartus Ⅱ 13.0 设计流程

使用 Quartus Ⅱ 13.0 软件可以完成设计流程的所有阶段，它是一个全面易用的独立解决方案。图 2.1.1 列出了 Quartus Ⅱ 13.0 的设计流程。

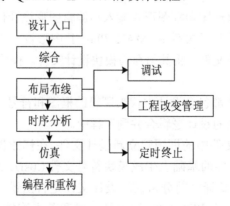

图 2.1.1 Quartus Ⅱ 13.0 的设计流程

Quartus Ⅱ 13.0 软件提供一些预定义的编译流程，用户可以利用 Processing 菜单中的命令来使用这些流程。

以下步骤描述了使用 Quartus Ⅱ 13.0 图形用户界面的基本设计流程。

(1)在 File 菜单中单击 New Project Wizard 选项，建立新工程并指定目标器件或器件系列。

(2)使用文本编辑器建立 Verilog HDL、VHDL 或者 Altera 硬件描述语言(AHDL)设计。使用模块编辑器建立以符号表示的框图，表征其他设计文件，也可以建立原理图。

(3)使用 Mega Wizard 插件管理器生成宏功能和 IP 功能的自定义变量，在设计中将它们例化，也可以使用 Qsys 建立一个系统级设计。

(4)利用分配编辑器、引脚规划器、Settings 对话框、布局编辑器，以及设计分区窗口指定初始设计约束。

(5)利用分析和综合工具对设计进行综合。

(6)如果设计含有分区，还没有进行完整编译，则需要通过 Partition Merge 将分区合并。

(7)使用适配器对设计进行布局布线。

(8)使用 PowerPlay 功耗分析器进行功耗估算和分析。

(9)使用仿真器对设计进行时序仿真。使用 TimeQuest 时序分析器或者标准时序分析器对设计进行时序分析。

(10)使用物理综合、时序逼近布局、LogicLock 功能和分配编辑器纠正时序问题。(可选)

(11)使用汇编器建立设计编程文件，通过编辑器和 Altera 编程硬件对器件进行编程。

(12)采用 SignalTap Ⅱ逻辑分析器、外部逻辑分析器、SignalProbe 功能或者芯片编辑器对设计进行调试。(可选)

(13)采用芯片编辑器、资源属性编辑器和更改管理器来管理工程改动。(可选)

2.1.3　Quartus Ⅱ 13.0 功能详解

1. 使用模块编辑器

模块编辑器用于以原理图和框图形式输入和编辑图形设计信息。Quartus Ⅱ 13.0 模块编辑器读取并编辑模块设计文件和 MAX+Plus Ⅱ图形设计文件。可以在 Quartus Ⅱ 13.0 软件中打开图形设计文件，将其另存为模块设计文件。模块编辑器与 MAX+Plus Ⅱ软件的图形编辑器类似。

每一个模块设计文件都包含设计中代表逻辑的框图和符号。模块编辑器将每一个框图、原理图或者符号代表的设计逻辑合并到工程中。

可以利用模块设计文件中的框图建立新设计文件,在修改框图和符号时更新设计文件,也可以在模块设计文件的基础上生成模块符号文件(.bsf)、AHDL Include 文件(.inc)和 HDL 文件，还可以在编译之前分析模块设计文件是否出错。模块编辑器提供有助于在框图设计文件中连接框图和基本单元(包括总线和节点连接及信号名称映射)的一组工具。

利用模块编辑器的以下功能，可以在 Quartus Ⅱ 13.0 软件中建立模块设计文件。

(1)对 Altera 提供的宏功能模块进行例化。Tools 菜单中的 MegaWizard Plug-In

Manager 用于建立或修改包含宏功能模块自定义变量的设计文件。这些自定义宏功能模块变量是基于 Altera 提供的包括 LPM 功能在内的宏功能模块。宏功能模块以模块设计文件中的框图表示。

（2）插入框图和基本单元符号。模块结构图使用称为模块的矩形符号代表设计实体及相应的分配信号，这在自上而下的设计中很有用。模块由代表相应信号流程的管道连接起来。可以将结构图专用于代表自己的设计，也可以将其与原理单元结合使用。Quartus Ⅱ 13.0 软件提供可在模块编辑器中使用的各种逻辑功能符号，包括基本单元、参数化模块库（LPM）功能和其他宏功能模块。

（3）从模块或模块设计文件中建立文件。为了方便设计层次化工程，可以在模块编辑器中使用 Create/Update 命令（File 菜单），从模块设计文件中的模块开始建立其他模块设计文件、AHDL Include 文件、Verilog HDL 和 VHDL 设计文件，以及 Quartus Ⅱ模块符号文件。还可以从模块设计文件本身建立 Verilog 设计文件、VHDL 设计文件和模块符号文件。

2. 项目设置

项目配置编辑器界面用于在 Quartus Ⅱ 13.0 软件中建立、编辑节点和实体级分配。配置设计中为实现逻辑功能而指定的各种选项和设置，包括位置、I/O 标准、时序、逻辑选项、参数、仿真和引脚分配。可以使用项目配置编辑器，进行标准格式时序分配。对于 Synopsys 设计约束，必须使用 TimeQuest 时序分析器。以下步骤描述使用项目配置编辑器进行分配的基本流程。

（1）打开项目配置编辑器（图 2.1.2）。

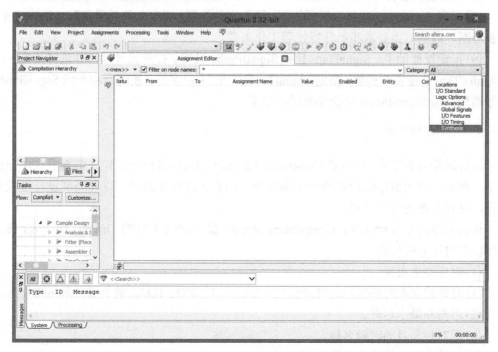

图 2.1.2　Quartus Ⅱ项目配置编辑器

(2) 在 Category 栏中选择相应的分配类别。

(3) 在 Filter on node names 栏中指定相应的节点或实体，或使用 Filter on node names 对话框查找特定的节点或实体。

(4) 在显示当前设计分配的电子表格中，添加相应的分配信息。

单击 Assignments 菜单中的 Settings 选项，使用 Settings 对话框为工程指定分配和选项。可以设置一般工程的选项，以及综合、适配、仿真和时序分析选项。

在 Settings 对话框中可以执行以下类型的任务。

(1) 修改工程设置。为工程和修订信息指定和查看当前顶层实体，从工程中添加和删除文件，指定自定义的用户库，指定封装、引脚数量和速度等级，指定移植器件。

(2) 指定 EDA 工具设置。为设计输入、综合、仿真、时序分析、板级验证、形式验证、物理综合及相关工具选项指定 EDA 工具。

(3) 指定分析和综合设置。用于分析和综合、Verilog HDL 和 VHDL 输入设置、默认设计参数和综合网表优化选项工程范围内的设置。

(4) 指定编译过程设置。智能编译选项，在编译过程中保留节点名称，运行组装 (Assembler) 模块，以及渐进式编译或综合，并且保存节点级的网表，导出版本兼容数据库，显示实体名称，使能或者禁止 OpenCore Plus 评估功能，还为生成早期时序估算提供选项。

(5) 指定适配设置。时序驱动编译选项、Fitter 等级、工程范围的 Fitter 逻辑选项分配，以及物理综合网表优化。

(6) 为标准时序分析器指定时序分析设置。为工程设置默认频率，定义各时钟的设置、时延要求、路径排除选项和时序分析报告选项。

(7) 指定仿真器设置。模式 (功能或时序)、源向量文件、仿真周期，以及仿真检测选项。

(8) 指定 PowerPlay 功耗分析器设置。输入文件类型、输出文件类型和默认触发速率，以及结温、散热方案要求和器件特性等工作条件。

(9) 指定设计助手、SignalTap Ⅱ 和 SignalProbe 设置。打开设计助手并选择规则，启动 SignalTap Ⅱ 逻辑分析器，指定 SignalTa Ⅱ 文件 (.stp) 名称，使用自动布线 SignalProbe 信号选项，为 SignalProbe 功能修改适配结果。

3. 时序分析报告

运行时序分析之后，可以在 Compilation Report 的时序分析器文件夹中查看时序分析结果。然后，列出时序路径以验证电路性能，确定关键速度路径，以及限制设计性能的路径，进行其他的时序分配。

运行标准时序分析器时，Compilation Report 窗口 (图 2.1.3) 的 Timing Analyzer 部分列出以下时序分析信息。

(1) 时序要求设置。

(2) 时钟建立和时钟保持的时序信息；tSU、tH、tPD、tCO，最小 tPD 和 tCO。

(3) 迟滞和最小迟滞。

(4) 源时钟和目的时钟名称。

(5) 源节点和目的节点名称。

(6) 需要的和实际的点到点时间。

（7）最大时钟到达斜移。

（8）最大数据到达斜移。

（9）实际 f_{max}。

（10）时序分析过程中忽略的时序分配。

（11）标准分析器生成的任何消息。

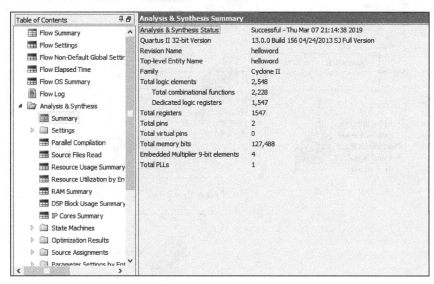

图 2.1.3　Compilation Report 窗口

4. 仿真

可以使用 EDA 仿真工具或 Quartus Ⅱ Simulator 对设计进行功能与时序仿真。Quartus Ⅱ 13.0 软件提供以下功能，用于在 EDA 仿真工具中进行设计仿真。

（1）NativeLink 集成 EDA 仿真工具。

（2）生成输出网表文件。

（3）功能与时序仿真库。

（4）生成测试激励模板和存储器初始化文件。

（5）为功耗分析生成 Signal Activity 文件（.saf）。

图 2.1.4 显示了使用 EDA 仿真工具和 Quartus Ⅱ Simulator 的仿真流程。

1）使用 EDA 工具进行设计仿真

Quartus Ⅱ 13.0 软件的 EDA Netlist Writer 模块生成用于功能或时序仿真的 VHDL 输出文件（.vho）和 Verilog 输出文件（.vo），以及使用 EDA 仿真工具进行时序仿真时所需的 Standard Delay Format Output 文件（.sdo）。Quartus Ⅱ 13.0 软件生成 Standard Delay Format 2.1 版的 SDF 输出文件。EDA Netlist Writer 将仿真输出文件放在当前工程目录下的专用工具目录中。

此外，Quartus Ⅱ 13.0 软件通过 NativeLink 功能为时序仿真和 EDA 仿真工具提供无缝集成。NativeLink 功能允许 Quartus Ⅱ 13.0 软件将信息传递给 EDA 仿真工具，并具有从 Quartus Ⅱ 13.0 软件中启动 EDA 仿真工具的功能。

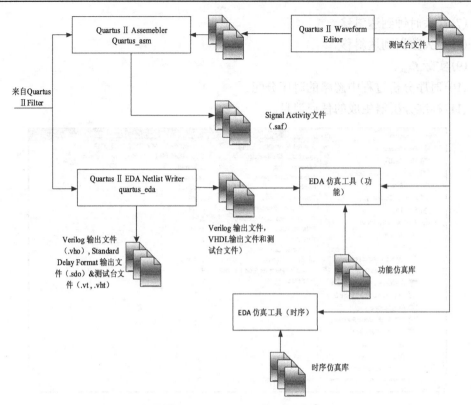

图 2.1.4 仿真流程图

使用 NativeLink 功能，可以让 Quartus Ⅱ 13.0 软件编译设计，生成相应的输出文件，然后使用 EDA 仿真工具自动进行仿真。也可以在编译之前（功能仿真）或编译之后（时序仿真），在 Quartus Ⅱ 13.0 软件中手动运行 EDA 仿真工具。

2）EDA 工具功能仿真流程

可以在设计流程中的任何阶段进行功能仿真。以下步骤描述使用 EDA 仿真工具设计功能仿真时所需要的基本流程。有关特定 EDA 仿真工具的详细信息，请参阅 Quartus Ⅱ Help。若要使用 EDA 仿真工具进行功能仿真，请执行以下步骤。

（1）在 EDA 仿真工具中设置工程。

（2）建立工作库。

（3）使用 EDA 仿真工具编译相应的功能仿真库。

（4）使用 EDA 仿真工具编译设计文件和测试台文件。

（5）使用 EDA 仿真工具进行仿真。

3）NativeLink 仿真流程

可以使用 NativeLink 功能，按照以下步骤，使 EDA 仿真工具可以在 Quartus Ⅱ 13.0 软件中自动设置和运行。以下步骤描述 EDA 仿真工作与 NativeLink 功能结合使用的基本流程。

（1）通过 Settings 对话框（Assignments 菜单）或在工程设置期间使用 New Project Wizard（File 菜单），在 Quartus Ⅱ 13.0 软件中进行 EDA 工具设置。

（2）建立工作库。在进行 EDA 工具设置时开启 Run this tool automatically after compilation。

(3)在 Quartus Ⅱ 13.0 软件中编译设计。Quartus Ⅱ 13.0 软件执行编译,生成 Verilog HDL 或 VHDL 输出文件及相应的 SDF 输出文件(如果正在执行时序仿真),并启动仿真工具。Quartus Ⅱ 13.0 软件指示仿真工具建立工作库,将设计文件和测试台文件编译或映射到相应的库中,设置仿真环境,运行仿真。

4)手动时序仿真流程

如果要加强对仿真的控制,可以在 Quartus Ⅱ 13.0 软件中生成 Verilog HDL 或 VHDL 输出文件及相应的 SDF 输出文件,然后手动启动仿真工具,进行仿真。以下步骤描述使用 EDA 仿真工具进行 Quartus Ⅱ时序仿真所需要的基本流程。有关特定 EDA 仿真工具的详细信息,请参阅 Quartus Ⅱ Help。

(1)通过 Settings 对话框(Assignments 菜单)或在工程设置期间使用 New Project Wizard(File 菜单),在 Quartus Ⅱ 13.0 软件中进行 EDA 工具设置。

(2)在 Quartus Ⅱ软件中编译设计,生成输出网表文件。Quartus Ⅱ 13.0 软件将该文件放置在专用工具目录中。

(3)启动 EDA 仿真工具。

(4)使用 EDA 仿真工具设置工程和工作目录。

(5)编译或映射到时序仿真库,使用 EDA 仿真工具编译设计和测试台文件。

(6)使用 EDA 仿真工具进行仿真。

5)仿真库

Altera 为包含 Altera 专用组件的设计提供功能仿真库,并为在 Quartus Ⅱ 13.0 软件中编译的设计提供基元仿真库。可以使用这些库在 Quartus Ⅱ 13.0 软件支持的 EDA 仿真工具中对含有 Altera 专用组件的设计进行功能或时序仿真。此外,Altera 为 ModelSim 软件中的仿真提供预编译功能和时序仿真库。

Altera 为使用 Altera 宏功能模块及参数化模块(LPM)功能标准库的设计提供功能仿真库。Altera 还为 ModelSim 软件中的仿真提供 altera_mf 和 220model 库的预编译版本。

在 Quartus Ⅱ 13.0 软件中,专用器件体系结构实体和 Altera 专用宏功能模块的信息位于布线后基元时序仿真库中。根据器件系列及是否使用 Verilog 输出文件或 VHDL 输出文件,时序仿真库文件可能有所不同。对于 VHDL 设计,Altera 为具有 Altera 专用宏功能模块的设计提供 VHDL 组件声明文件。

6)下载

当使用 Quartus Ⅱ 13.0 软件成功编译一个工程时,就能下载或配置一个 Altera 设备了。Quartus Ⅱ编译器的汇编程序模块生成下载文件,Quartus Ⅱ程序设计器利用该文件在 Altera 编程硬件环境下设计或配置一个设备。也可以使用一个单机版的 Quartus Ⅱ下载器下载或配置设备。图 2.1.5 为下载设计的流程。

汇编器自动地将适配器、逻辑单元和引脚排列转变成设计图像,这个设计图像是以目标设备的一个或多个下载器目标文件(*.pof)或静态存储器(SRAM)目标文件(*.sof)的形式表现出来的。

可以在含有汇编模块的 Quartus Ⅱ 13.0 软件中进行完全汇编,也可以用编译器单独编译。

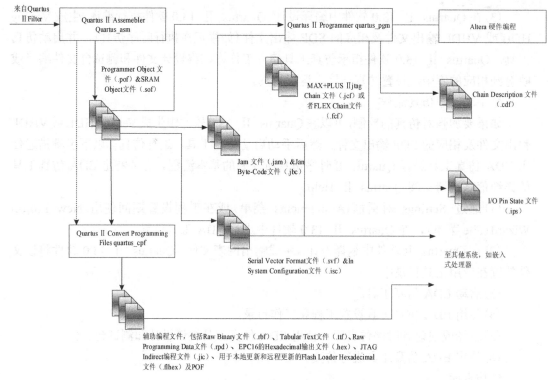

图 2.1.5　下载设计的流程图

7) 使用可执行的 quartus_asm

通过可执行的 quartus_asm，可在命令提示符下或在脚本中独自运行汇编器进行汇编。在运行编译器前，必须成功地运行可执行的 Quartus Ⅱ适配器 quartus_fit。

可执行的 quartus_asm 生成一个能用任何文本编辑器进行浏览的独立的基于文本的报告文件。

如果想在可执行的quartus_asm上获得帮助，可在命令提示符下输入如下的任何一条命令：

```
quartus_asm -h
quartus_asm -help
quartus_asm -help=<topic name>
```

也可以用下述的方法使汇编器生成其他格式的下载文件。

(1) 位于"Device"对话框("Assignments"菜单)中"Device and Pin Options"页的"Programming Files"选择对话框，允许用户具体指定可选择的下载文件形式，如十六进制(Intel-Format)输出文件、列表文本文件(.ttf)、纯二进制文件(.rbf)、Java 应用管理文件(.jam)、Java 应用管理二进制代码文件(.jbc)、串行向量格式文件(.svf)和系统内配置文件(.isc)。

(2) "File"菜单中 Create/Update 命令下的 Create JAM、JBC、SVF or ISC File 分别能够生成 Java 应用管理文件、Java 应用管理二进制文件、串行向量格式文件和系统内配置文件。

(3) "File"菜单中的 Convert Programming Files 命令能够将用于一种和多种设计的SOF 和 POF 结合并转换成其他辅助下载文件格式，如原始下载数据文件(.rpd)、用于

EPC16 或 SRAM 的 HEXOUT 文件、POF、用于本地更新或远程更新的 POF、原始二进制文件和列表文本文件。

这些辅助的下载文件能够被其他硬件用在嵌入式处理器类型的下载环境下和一些 Altera 设备中。

编程下载器(Programmer)具有 4 种编程模式。

(1)Passive Serial 模式。

(2)JTAG 模式,如图 2.1.6 所示。

(3)Active Serial Programming 模式。

(4)In-Socket Programming 模式。

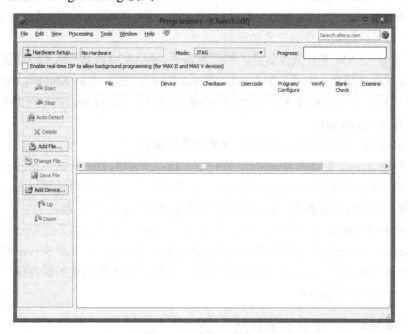

图 2.1.6　编程下载窗口

Passive Serial 和 JTAG 编程模式允许使用 CDF 和 Altera 编程硬件对单个或多个器件进行编程。可以使用 Active Serial Programming 模式和 Altera 编程硬件对单个 EPCS1 或 EPCS4 串行配置器件进行编程。可以配合使用 In-Socket Programming 模式与 CDF 和 Altera 编程硬件对单个 CPLD 或配置器件进行编程。若要使用计算机上没有提供但可通过 JTAG 服务器获得的编程硬件,可以使用 Programmer 指定、连接至远程 JTAG 服务器。

8)使用 Programmer 对一个或多个器件编程

Quartus Ⅱ Programmer 允许编辑 CDF、CDF 存储器件名称、器件顺序和设计的可选编程文件名称信息。可以使用 CDF,通过一个或多个 SRAM Object 文件、Programmer Object 文件或通过单个 Jam 文件或 Jam Byte-Code 文件对器件进行编程或配置。

以下步骤描述使用 Programmer 对一个或多个器件进行编程的基本流程。

(1)将 Altera 编程硬件与系统相连,并安装所需的驱动程序。

(2)进行设计的完整编译,或至少运行 Compiler 的 Analysis & Synthesis、Fitter 和

Assembler 模块。Assembler 自动为设计建立 SRAM Object 文件和 Programmer Object 文件。

(3) 打开 Programmer，建立新的 CDF。每个打开的 Programmer 窗口代表一个 CDF，可以打开多个 CDF，但每次只能使用一个 CDF 进行编程。

(4) 选择编程硬件设置。选择的编程硬件设置将影响 Programmer 中可用的编程模式类型。

(5) 选择相应的编程模式，例如，Passive Serial 模式、JTAG 模式、Active Serial 编程模式或者 In-Socket 编程模式。

(6) 根据不同的编程模式，可以在 CDF 中添加、删除或更改编程文件与器件的顺序。可以指示 Programmer 在 JTAG 链中自动检测 Altera 支持的器件，并将其添加至 CDF 器件列表中，还可以添加用户自定义的器件。

(7) 对于非 SRAM 非易失性器件，如配置器件、MAX3000 和 MAX7000 器件，可以指定其他编程选项来查询器件，如 Verify、Blank-Check、Examine、Security Bit 和 Erase。

(8) 如果设计含有 ISP CLAMP State 分配或者 I/O Pin State File，则打开 ISP CLAMP。

(9) 运行 Programmer。

9) Quartus Ⅱ 13.0 通过远程 JTAG 服务器进行编程

通过 Programmer 窗口的 Hardware 按钮或 Edit 菜单中的 Hardware Setup 对话框，可以添加能够联机访问的远程 JTAG 服务器。这样，就可以使用本地计算机未提供的编程硬件，配置本地 JTAG 服务器，让远程用户连接到本地 JTAG 服务器。

在 Hardware Setup 对话框中，可以在 JTAG Settings 选项标签下的 Configure Local JTAG Server 对话框中指定连接至 JTAG 服务器的远程客户端，在 Add Server 对话框中指定要连接的远程服务器。连接到远程服务器后，与远程服务器相连的编程硬件将显示在 Hardware Settings 选项标签中。

2.1.4　Quartus Ⅱ 13.0 实例讲解

本实例根据 Quartus Ⅱ 13.0 软件的设计流程，通过采用文本和图形相结合的输入设计方式进行 8-3 线优先编码器的设计，使读者快速熟悉 Quartus Ⅱ 13.0 软件的设计流程并学习使用文本和图形输入设计的方法。本实例实验原理如下。

优先编码器的功能：允许同时在几个输入端有输入信号，编码器按输入信号排定的优先顺序，只对同时输入的几个信号中优先权最高的一个进行编码。8-3 线优先编码器的编码规则为：当优先级较高的信号有效时，不管优先级较低的信号取何值，输出由优先级较高的信号决定。

8-3 线优先编码器的工作原理：8-3 线优先编码器输入信号为 X_0、X_1、X_2、X_3、X_4、X_5、X_6 和 X_7，输出信号为 Y_0、Y_1、Y_2。输入信号中 X_7 的优先级别最低，以此类推，X_0 的优先级别最高。也就是说若 X_0 输入为 1(即为高电平)，则无论后续 $X_1 \sim X_7$ 的输入信号怎样，高电平状态一直保持不变；若 X_0 输入为 0(即为低电平)，则由优先级仅次于 X_0 的 X_1 的状态决定，以此类推。因为 $X_0 \sim X_7$ 共 8 种状态，可以用 3 位二进制编码来表示。8-3 线优先编码器的真值表如表 2.1.1 所示。

表 2.1.1　8-3 线优先编码器的真值表

输入								输出		
X_0	X_1	X_2	X_3	X_4	X_5	X_6	X_7	Y_2	Y_1	Y_0
1	x	x	x	x	x	x	x	0	0	0
0	1	x	x	x	x	x	x	0	0	1
0	0	1	x	x	x	x	x	0	1	0
0	0	0	1	x	x	x	x	0	1	1
0	0	0	0	1	x	x	x	1	0	0
0	0	0	0	0	1	x	x	1	0	1
0	0	0	0	0	0	1	x	1	1	0
0	0	0	0	0	0	0	1	1	1	1

注：其中 x 代表 0(低电平)、1(高电平)信号中的任意一种。

具体步骤如下：

(1)运行 Quartus Ⅱ 13.0 软件，执行 File→New Project Wizard 命令，如图 2.1.7 所示，建立一个新工程。

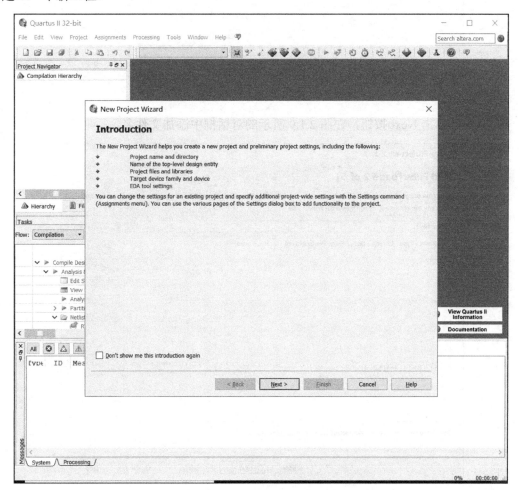

图 2.1.7　建立新工程界面

（2）单击 Next 按钮出现如图 2.1.8 所示的 New Project Wizard 对话框，选择工程目录名称、工程名称及顶层文件名称为 CODER。

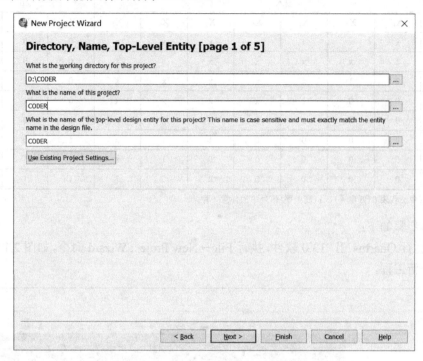

图 2.1.8　New Project Wizard 对话框

（3）继续单击 Next 按钮，在图 2.1.9 所示的对话框中添加文件名。

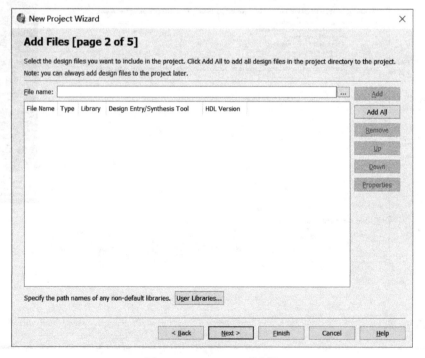

图 2.1.9　Add Files 对话框

(4)单击 Next 按钮出现如图 2.1.10 所示的器件设置对话框，在选择器件设置对话框中选择 Altera 公司的 DE2 开发版使用的 Cyclone Ⅱ系列的 EP2C35F672C6 芯片，之后依次单击 Next→Next→Finish 按钮建立新工程。注：工程目录名称一栏为工程的保存路径，可在运行软件之前在硬盘分区创建工程保存文件夹，也可以在此对话框中直接创建。

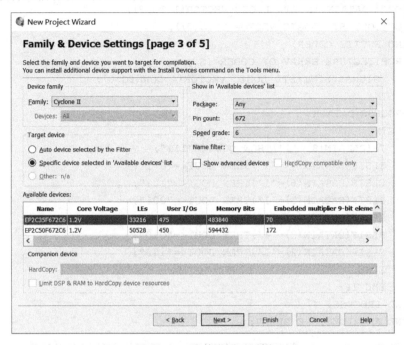

图 2.1.10   器件设置对话框

(5)建立新工程后，选择 File→New 菜单项，在打开的如图 2.1.11 所示的新建设计文件选择对话框中选择 VHDL File 选项，单击 OK 按钮，打开文本编辑器界面。

图 2.1.11   新建设计文件选择对话框

(6) 在文本编辑器界面中编写 VHDL 程序，程序代码如下：

```
LIBRARY IEEE;
USE IEEE.STD_LOGIC_1164.ALL;
ENTITY CODER IS
PORT( DATAIN:IN STD_LOGIC_VECTOR(1 TO 8);
DOUT:OUT STD_LOGIC_VECTOR(0 TO 2));
END ENTITY CODER;
ARCHITECTURE BEHAV OF CODER IS
    SIGNAL SINT:STD_LOGIC_VECTOR(4 DOWNTO 0);
BEGIN
PROCESS(DATAIN)
BEGIN
    IF(DATAIN(8)='1')THEN DOUT<="111";
    ELSIF(DATAIN(7)='1')THEN DOUT<="011";
    ELSIF(DATAIN(6)='1')THEN DOUT<="101";
    ELSIF(DATAIN(5)='1')THEN DOUT<="001";
    ELSIF(DATAIN(4)='1')THEN DOUT<="110";
    ELSIF(DATAIN(3)='1')THEN DOUT<="010";
    ELSIF(DATAIN(2)='1')THEN DOUT<="100";
    ELSE                  DOUT<="000";
    END IF;
END PROCESS;
END ARCHITECTURE BEHAV;
```

(7) 选择 File→Save As 菜单项，在如图 2.1.12 所示的文件保存对话框中，将创建的 VHDL 设计文件名称保存为工程顶层文件名 CODER.vhd。

图 2.1.12　文件保存对话框

(8) 选择 Processing→Start Compilation 菜单项，编译源文件。如果设计正确，则完全通过各种编译；如果有错误，则返回文本编辑工作区域进行修改，直至完全通过编译为止。

(9) 编译无误后建立一个新的仿真波形文件 CODER.vwf，如图 2.1.13 所示。

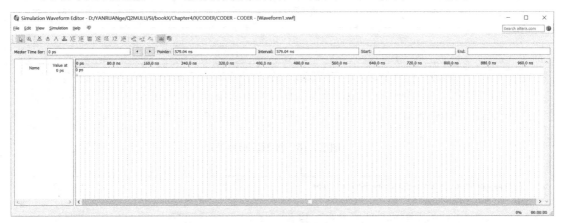

图 2.1.13　新建仿真波形文件界面

(10) 选择 File→Save As 菜单项，在文件保存对话框中将创建的仿真波形文件保存。在波形编辑器窗口的 Name 栏中双击，弹出如图 2.1.14 所示的增加总线及节点对话框。

(11) 在增加总线及节点对话框中单击 Node Finder 按钮，弹出如图 2.1.15 所示界面。首先在 Filter 下拉框中选择 Pins：all 选项，单击 List 按钮；然后 Nodes Found 中会列出本项目所使用的输入引脚和输出引脚，我们在 Node Found 窗口中选择所需要用到的仿真引脚，选至右侧 Selected Nodes 区域中，单击 OK 按钮。

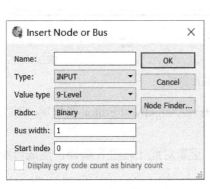

图 2.1.14　增加总线及节点对话框

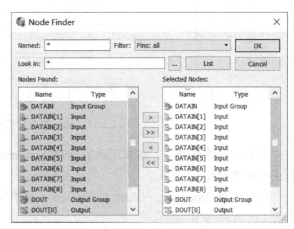

图 2.1.15　寻找节点对话框

(12) 在弹出的如图 2.1.16 所示的波形编辑器窗口中，编辑输入引脚的逻辑关系，输入完成后保存仿真波形文件。

(13) 选择 Simulation→Run Function Simulation 菜单项进行功能仿真，如图 2.1.17 所示。

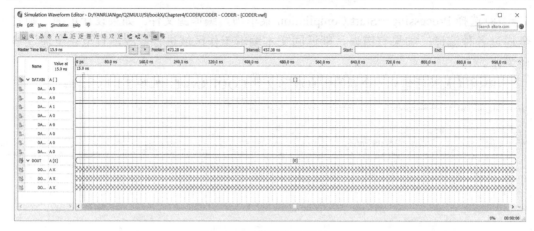

图 2.1.16　波形编辑器窗口

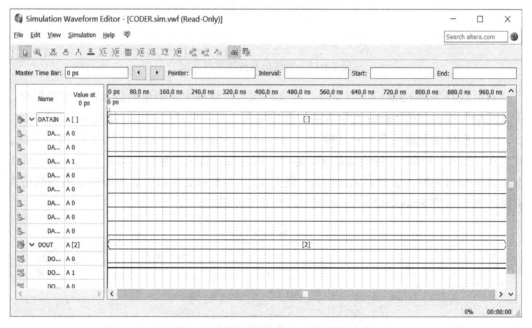

图 2.1.17　编码器功能仿真波形窗口

（14）分析仿真结果，仿真正确后选择 Assignments→Assignment Editor 菜单项，对工程进行引脚分配。

（15）选择 Processing→Start Compilation 菜单项，重新对此工程进行编译，生成可配置到 FPGA 的 SOF 文件。

（16）连接实验设备，打开电源，然后在 Quartus Ⅱ软件中，选择 Tools→Programmer 菜单项，出现如图 2.1.18 所示的编程配置界面，单击 Hardware Setup 按钮，在弹出的如图 2.1.19 所示的 Hardware Setup 界面的 Currently selected hardware 下拉框中选择 USB-Blaster[USB-0]后关闭对话框，在 Mode 下拉框中选择 JTAG，单击 Add File 按钮添加需要配置的 SOF 文件，选中 Program/Configure 复选框，单击 Start 按钮对芯片进行配置。

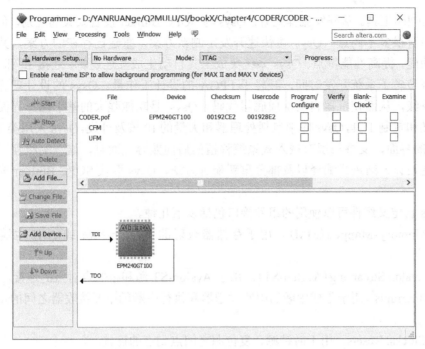

图 2.1.18　编程配置界面

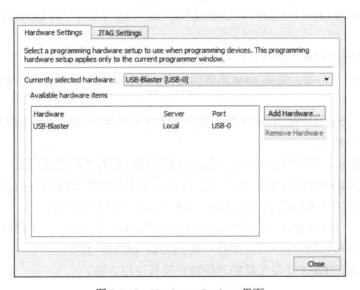

图 2.1.19　Hardware Settings 界面

(17)配置完成后演示实验任务，观察输出结果，验证所设计的编码器是否正确。

2.2　集成开发工具 Qsys

2.2.1　Qsys 技术简介

Aletra 公司在 Quartus Ⅱ 11.0 版本之后推出 Qsys 系统开发工具来代替之前版本的

SOPC Builder 工具。从开发流程上看，Qsys 与 SOPC Builder 没有太大的区别，但是在实际开发中有很多不同点。Qsys 可快速开发定制新方案，重建已存在的方案，并为其添加新的功能，提高性能特点。Qsys 系统集成工具自动生成互连逻辑，连接 IP 和子系统，从而显著节省了系统开发时间，减轻了 FPGA 的设计工作量。Qsys 的设计理念是提高设计抽象级，从而使机器自动生成底层代码。Qsys 是功能强大的基于图形界面的片上系统定义和定制工具，Qsys 库中包括处理器和大量的 IP 核及外设。Qsys 采用类似 SOPC Builder 的界面，支持与现有嵌入式系统移植的后向兼容。而且，这一高级互连技术将支持分层设计、渐进式编译以及部分重新配置方法，Qsys 取代 SOPC Builder 成为一个趋势。

Qsys 自定义组件可以使用的组件接口包括以下几种。

(1) Memory-Mapped(MM)。用于存储器映射的 Avalon-MM 或 AXI 主端口和从端口。

(2) Avalon Streaming(Avalon-ST)。用于 Avalon-ST 源和宿的点对点的连接。

(3) Interrupts。用于生成中断的中断发送器和执行中断的中断接收器之间的点到点的连接。

(4) Clocks, Resets。用于时钟源、复位源之间点到点的连接。

(5) Conduits。用于通道接口之间的点到点的连接。

(6) Avalon Tri-State Conduit。用于连接到 PCB 上的三态器件的 Qsys 系统中的三态导管控制器。

Qsys 系统设计的基本软件工具有以下几种。

(1) Quartus II。用于完成 Nios 系统的综合、硬件优化、适配、编程下载和硬件系统调试。

(2) Qsys。作为 Altera Nios 嵌入式处理器软件开发包，实现 Nios 系统配置、生成及软件调试平台的建立。

(3) ModelSim。用于对 SOPC Builder 生成的 Nios 进行系统功能仿真。

(4) MATLAB→DSP Builder。可用于生成 Nios 系统的硬件加速器(主要适用于 Stratix、Stratix II 等内嵌 DSP 模块的 FPGA 系列)，进而为其定制新的指令。

(5) Nios II IDE→Nios II SBT for Eclipse。集成开发环境，用于软件调试。

(6) 第三方嵌入式操作系统。如嵌入式 Linux、μC/OS II 等。

本节着重介绍 Qsys 开发工具的功能特点及其使用方法。

2.2.2 Qsys 功能特点

Qsys 利用业界首创的 FPGA 优化芯片网络技术来支持多种业界标准 IP，提高了结果质量，具有很高的效能。Qsys 主要有下列功能特点。

1. 具有直观的图形用户界面(GUI)

用户可以快速方便地定义和连接复杂的系统。如图 2.2.1 所示，用户可以从左边的库中添加所需的部件，然后在右边的表中配置它们。

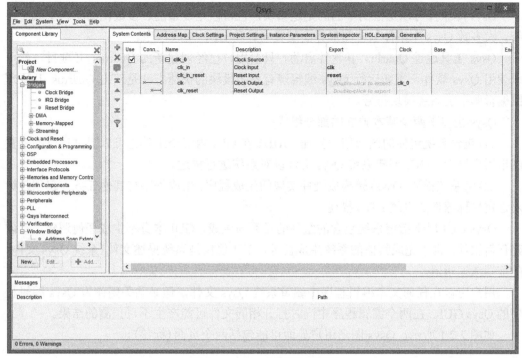

图 2.2.1　Qsys 图形用户界面

2. 自动生成和集成软件与硬件

Qsys 会自动生成互连逻辑(地址/数据总线连接、总线宽度批评逻辑、地址解码逻辑以及仲裁逻辑等)。Qsys 也会产生系统可仿真的 RTL 描述以及特定硬件配置设计的测试平台,能够把硬件系统综合到单个网表中。此外,Qsys 还能够生成 C 语言和汇编头文件,这些头文件定义了存储器映射、中断优先级和每个外设寄存器空间的数据结构,这样的自动生成过程帮助设计者处理硬件潜在的变化性,如果硬件改变了,Qsys 会自动更新这些头文件。此外,Qsys 也会为系统中现有的每个外设生成定制的 C 和汇编函数库。

3. 开放性

Qsys 开放了硬件和软件接口,允许第三方像 Altera 一样有效地管理 SOPC 部件,用户可以根据需要将自己设计的部件添加到 Qsys 的列表中。

2.2.3　Qsys 设计流程

Qsys 是用 CPU、存储器接口和外围器件(如片内存储器、PIO、定时器、UART 等 IP核)等组件构成总线系统的工具。它使用用户指定的组件和接口创建(生成)系统模块,并在 Avalon 控制器和所有系统组件上的从属设备端口之间自动生成互连(总线)逻辑。

Qsys 最常用于构建包含 CPU、存储器和 I/O 设备的嵌入式微处理器系统,也可以生成没有 CPU 的数据流系统。Qsys 允许用户指定带有多个控制器和从属设备的总线结构,包含仲裁器的总线逻辑在系统构造时自动生成,用户也可以添加用户自身定制指令逻辑到 Nios II 内核以加速 CPU 性能,或添加用户外设以减轻 CPU 的任务。

Qsys 库组件可以是很简单的固定逻辑块，也可以是复杂的、参数化的动态生成子系统。大多数 Qsys 库组件包含图形界面配置向导和 HDL 生成程序。

Qsys 工具通过 Quartus Ⅱ软件启动。只要用户已经创建新的 Quartus Ⅱ项目，就可以使用 Qsys 软件。重新运行 Qsys 编辑现有系统模块的快捷方法是双击 Quartus Ⅱ原理图编辑器中的系统模块符号。

Qsys 由以下两个基本独立的部分组成：

（1）包含系统组件的图形用户界面（GUI）。在 GUI 内每个组件也可以提供自己的配置图形用户界面，GUI 创建系统 Qsys 文件以对系统进行描述。

（2）将系统描述（Qsys）转换成硬件实现的生成程序。生成程序与其他任务一起创建针对选定目标器件的系统 HDL 描述。

Qsys GUI 用于指定系统包含的组件的排列与生成，GUI 本身不生成任何逻辑，不创建任何软件，也不完成其他的系统生成任务，GUI 仅仅是系统描述文件（系统 Qsys 文件）的前端或编辑器。

用户可以在任何文本编辑程序中编辑系统 Qsys 文件，但必须关闭作为 Qsys 编辑程序的 Qsys GUI。在两个编辑程序中同时打开相同文件可能产生不可预测的结果。

如图 2.2.1 所示，Qsys 图形用户界面可能包括两个页面（标签）。

1. 系统内容页面

1）组件库

组件库按照总线类型和种类显示所有的可用组件，每个组件名左边有一个色点，其含义如下。

绿点：完全授权用于生成系统的组件，如图 2.2.1 中的 Bridges 组件库下的 Clock Bridge。

白点：当前不可使用，但可通过网络下载的组件，使用时还需获取授权。

组件库可以通过过滤动态地显示一部分或所有组件分类。有关组件库中组件的信息可以通过右击项目并从弹出列表中选择可用文档或网络连接获得。

2）组件表

组件表是用户设计的处理器系统的组件列表，其中的组件来自组件库。组件表允许用户描述：①系统中包含的组件和接口；②控制器和从属设备的连接关系；③系统地址映射；④系统中断请求分配；⑤共享从属设备仲裁优先级；⑥系统时钟频率。

组件表中左侧显示控制器和从属设备间的连接关系。系统中的任何级都可以有一个或多个控制器或从属设备端口，任何使用相同总线规程的控制器和从属设备都可以互连。

由于 Avalon 总线与 Avalon Tri-State 三态总线是不同的总线规程，所以在连接 Avalon 控制器和 Avalon Tri-State 从属设备时需要使用桥接器组件。

系统中的每个控制器在组件表的左边都有一个对应的列，用户可以使用 View 菜单改变控制器列的出现，可以全部隐藏控制器列，也可以作为接线板显示（Show Connections）或显示仲裁优先级数（Show Arbitration）。

当两个控制器共用相同的从属设备时，Qsys 自动插入一个仲裁器。当两个控制器同时存取从属设备时，由仲裁器确定获得从属设备存取权的控制器。

每个共用的从属设备都将插入一个仲裁器，从属设备对每个控制器有一个仲裁优先级，并将按下列规则解决冲突：如果每个控制器的优先级为 P_i，所有优先级的总和为 P_{total}，那么控制器 i 将在每 P_{total} 次冲突中赢得 P_i 次仲裁。

系统时钟频率用于外围设备生成时钟分频器或波特率发生器等，也提供测试生成程序，以产生要求频率的时钟。

系统时钟频率只用于 Qsys，不同于 Quartus Ⅱ 13.0 软件的时序分析，Quartus Ⅱ 13.0 软件的时钟频率必须单独配置。

2．系统生成页面

系统生成（Generation）页面（图 2.2.2）有一些用于控制系统生成的选项和一个显示系统生成过程输出的控制台窗口。当单击 Generate 按钮时，自动显示系统生成页面并启动生成过程。

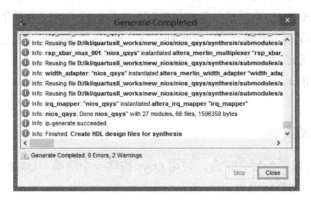

图 2.2.2　系统生成页面

Qsys 的工作流程如图 2.2.3 所示。

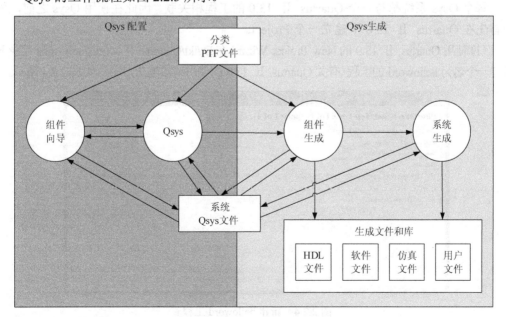

图 2.2.3　Qsys 工作流程

系统生成程序完成下列任务。

(1) 读取系统描述（系统 Qsys 文件）。

(2) 为在库定义中提供软件支持的系统组件创建软件文件（驱动程序、库和实用程序）。

(3) 运行每个组件独立的生成程序。系统中的每个组件都可能有自己的生成程序（如创建组件的 HDL 描述），主 Qsys 生成程序运行每个组件的子生成程序。

(4) 生成包含下列内容的系统级 HDL 文件（VHDL 或 Verilog HDL）。

① 系统中每个组件的实例。

② 实现组件互连的总线逻辑，包括地址译码器、数据总线复用器、共用资源仲裁器、复位产生和条件逻辑、中断优先逻辑、动态总线宽度（用宽的或窄的数据总线匹配控制器和从属设备）以及控制器和从属设备端口间所有的被动互连。

③ 仿真测试平台。

(5) 创建系统模块的符号（.bsf 文件）。

(6) 创建 ModelSim 仿真项目目录，包括以下文件：所有指定内容存储器组件的仿真数据文件，为仿真生成系统定制别名的 setup_sim.do 文件，总线接口波形设置的 wave_presets.do 文件，以及当前系统的 ModelSim 项目（.mpf 文件）。

(7) 编写编译用 Quartus Ⅱ Tcl 脚本，该脚本被用来设置 Quartus Ⅱ 编译所需要的所有文件。

2.2.4　Qsys 开发实例

本节以 DE2 开发板为硬件平台，使用 Qsys 构建一个简单 Nios 处理器系统，以方便读者熟悉 Qsys 开发的整体流程。

1. 新建工程

每个 Qsys 系统都与一个 Quartus Ⅱ 13.0 的工程相关联，因此在使用 Qsys 之前，必须首先在 Quartus Ⅱ 13.0 下建立一个 Project。

(1) 使用 Quartus Ⅱ 13.0 的 New Project Wizard 在 D:/lkl/QuartusⅡ_works/new_nios 目录下新建一个名为 helloword 的工程（有关 Quartus Ⅱ 13.0 的使用请参见 2.1 节），如图 2.2.4 所示。

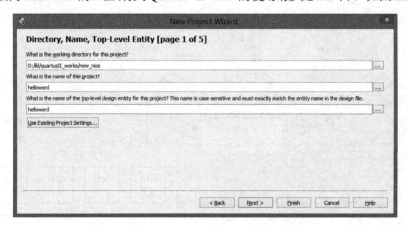

图 2.2.4　新建 helloword 工程

(2)添加文件。由于是新建工程，无添加文件，单击 Next 按钮即可，如图 2.2.5 所示。

图 2.2.5 Add Files 对话框

(3)在新建 Project 的过程中，器件选择为 DE2 开发板上的 EP2C35F672C6，如图 2.2.6 所示。

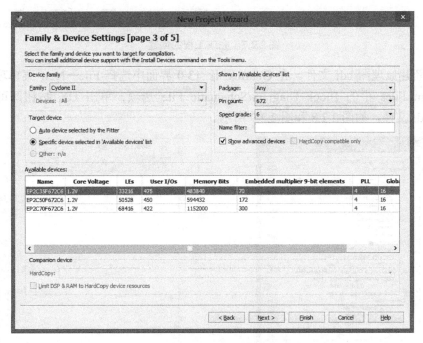

图 2.2.6 选择器件

(4)EDA 工具设置。由于此工程不进行仿真等，故不进行设置，如果需要进行 ModelSim 仿真，则在 Simulation 行中，选择 Tool Name 为 ModelSim(这里根据所安装的

ModelSim 版本进行选择)，Format(s)选择为 Verilog HDL(这里也是根据所掌握的硬件描述语言进行选择)。然后单击 Next 按钮，进入 Summary 界面，并单击 Finish 按钮，完成工程的创建，如图 2.2.7 所示。

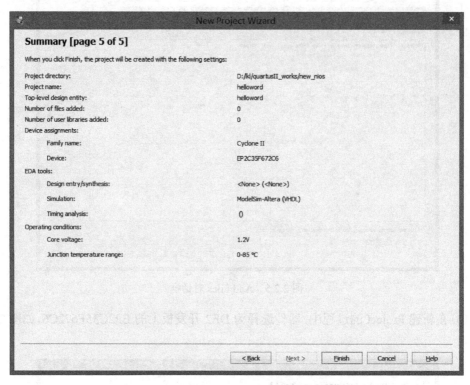

图 2.2.7　完成工程的创建

(5)新建原理图 bdf 文件。在 Quartus Ⅱ 13.0 界面中选择 File→New 菜单项，并选择 Design Files 中的 Block Diagram/Schematic File 选项，单击 OK 按钮即可，出现 Block1.bdf 文件，如图 2.2.8 和图 2.2.9 所示。

图 2.2.8　新建 bdf 文件

图 2.2.9　Block1.bdf 文件

2. 硬件设计

(1)启动 Qsys 工具。执行 Tools→Qsys 命令，进入 Qsys 设置界面，如图 2.2.10 所示。

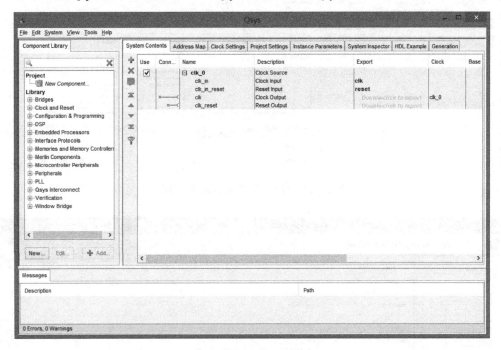

图 2.2.10　Qsys 界面图

(2)系统已经默认添加了时钟模块，名称为 clk_0 ，这里选中 clk_0 并右击，选择 Rename 选项，将其名称去掉_0 更改为 clk，下面添加的模块也进行类似的名称更改。

(3)左边的 Component Library 是系统提供的元件库，里面有一些构成处理器的常用模块。右边是已经添加到系统的模块，也就是说，Nios Ⅱ软核处理器是可以定制的，根据具体需要来选择。

(4)添加软核处理器的各部分模块，总共需要添加 Nios Ⅱ Processor、On_ChipMemory(RAM or ROM)、JTAG UART、System ID Peripheral 这 4 个模块。

(5)添加软核 Nios Ⅱ Processor。在 Component Library 中搜索 Nios Ⅱ Processor，双击即可进行配置，如图 2.2.11 所示。首先需要选择的是 Nios Ⅱ 核心的类型。Nios Ⅱ软核的核心共分成三种：e 型、s 型以及 f 型。e 型核占用的资源最少(600~800 逻辑单元)，功能也最简单，速度最慢；s 型核占用资源比前者多一些，功能和速度较前者都有所提升；f 型核的功能最多，速度最快，相应占用的资源也最多。选择的时候根据需求和芯片资源来决定,这里我们选择 s 核。下面的 Reset Vector 是复位后启动时的 Memory 类型和偏移量，Exception Vector 是异常情况时的 Memory 类型和偏移量。现在还不能配置，需要 SDRAM 和 Flash 设置好以后才能修改，这两个地方很重要。最后单击 Finish 按钮，结束当前配置。

(6)添加片内存储器。在元件库中搜索 On-Chip Memory，双击进行设置。主要设置 Size 中的 Data width(数据位宽)为 16 位和 Total memory size(片内资源大小，根据芯片资源进行合理设置)为 10240B。单击 Finish 按钮，结束当前配置，如图 2.2.12 所示。

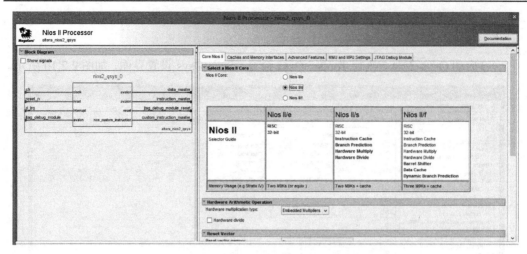

图 2.2.11　Nios Ⅱ Processor 配置图

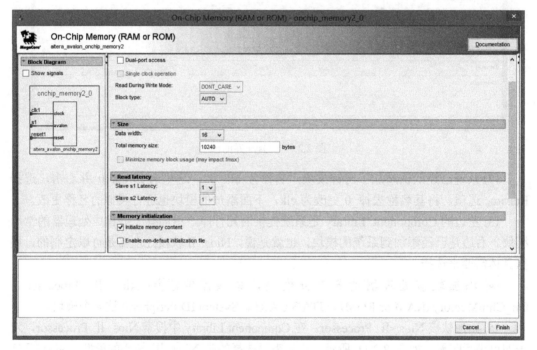

图 2.2.12　On-Chip Memory（RAM or ROM）配置

（7）添加 JTAG 下载调试接口。JTAG UART 是实现 PC 和 Nios Ⅱ系统间的串行通信接口，它用于字符的输入输出，在 Nios Ⅱ的开发调试中扮演重要角色。在元件库中搜索 jtaguart，双击进行设置，选择默认配置即可。单击 Finish 按钮，结束当前配置，如图 2.2.13 所示。

（8）添加系统 ID 模块。系统 ID 是系统与其他系统区别的唯一标识，类似校验和，在下载程序之前或者重启之后，都会对它进行检验，以防止 Quartus 和 Nios 程序版本不一致的错误发生。在元件库中搜索 System ID Peripheral，双击进行设置，选择默认即可。单击 Finish 按钮，结束当前配置，如图 2.2.14 所示。

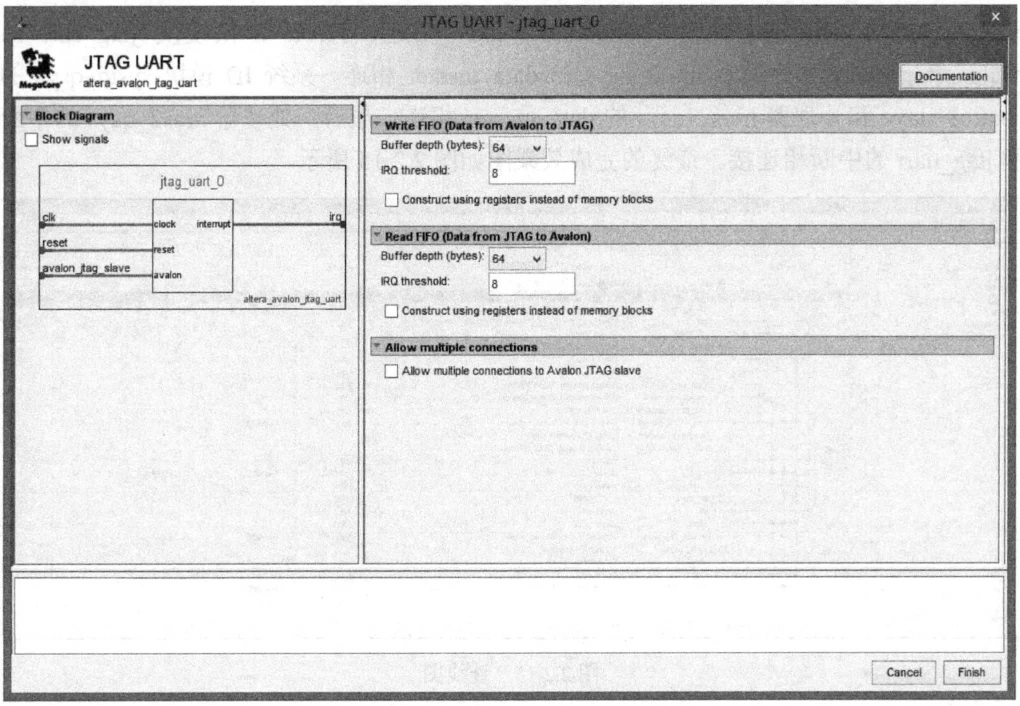

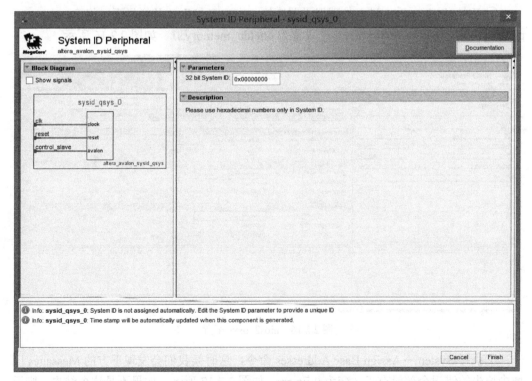

图 2.2.13　JTAG UART 配置图

图 2.2.14　System ID Peripheral 配置

　　(9)连线。将右面 Connections 栏目中的相关线通过设置节点进行连接。首先所有模块的 clk 和复位 reset 需要连接起来。然后片内存储器 On-Chip Memory 的 s1 和处理器

nios2_qsys 的 data_master 和 instruction_master 相连。JTAG 调试模块 jtag_uart 的 avalon_jtag_slave 和处理器 nios2_qsys 的 data_master 相连。系统 ID 模块 sysid_qsys 的 control_slave 和处理器 nios2_qsys 的 data_master 相连。最后，处理器 nios2_qsys 的中断和 jtag_uart 的中断相连接。最终的完成效果图如图 2.2.15 所示。

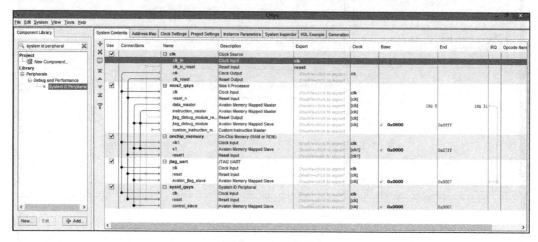

图 2.2.15　连线图

（10）进行软核的相关设置。

①双击 nios2_qsys，进入处理器设置模块。在 Core Nios Ⅱ栏目下，将 Reset vector memory 和 Exception vector memory 设置为 onchip_memory.s1，如图 2.2.16 所示。

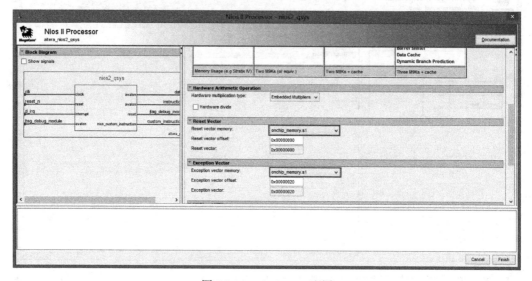

图 2.2.16　nios2_qsys 配置

②执行 System→Assign Base Addresses 命令，这时候我们会发现下方的 Messages 区域中原先的错误全部没有了，变为 0 Errors，如图 2.2.17 所示。如果不是这个结果，则返回去按步骤检查。

③执行 File→Save 命令，进行保存，这里我们保存文件名为 nios_qsys（文件类型为.qsys），如图 2.2.18 所示。

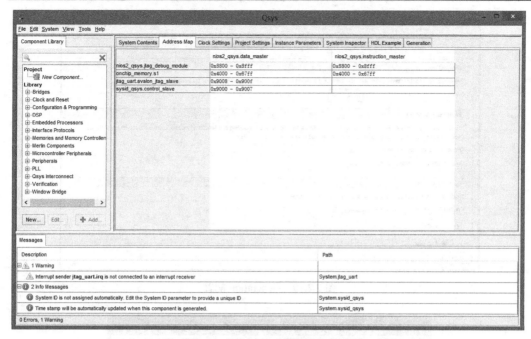

图 2.2.17 Messages 区域无错误显示

图 2.2.18 保存.qsys 文件

④选择 Generation 选项卡，设置 Create simulation model 为 None，然后单击下面的 Generate 按钮进行生成，如图 2.2.19 所示。时间较长，大家耐心等待。生成完成后单击 Close 按钮即可，然后关闭 Qsys 回到 Quartus Ⅱ界面，如图 2.2.20 所示。

（11）双击 Block1.bdf 的空白处，打开 Symbol 对话框。单击左下角的 MegaWizard Plug-In Manager 按钮，进入宏模块调用界面，选择 Creat a new custom megafunction variation 单选按钮，如图 2.2.21 所示。

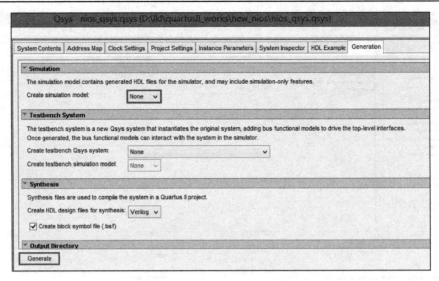

图 2.2.19　Generation 配置

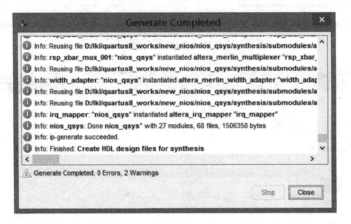

图 2.2.20　Generate Completed 图

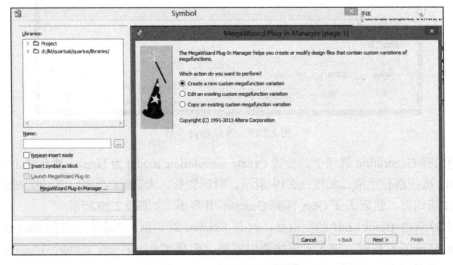

图 2.2.21　宏模块调用界面

(12) 单击 Next 按钮进入下一步，在 What name do you want for the output file 下面显示的地址后面添加输出文件的名称，如原来内容为 D:/lkl/quartusII_works/new_nios，添加后为 D:/lkl/quartusII_works/new_nios/pll_nios。然后在左侧的搜索框中搜索 ALTPLL，选中即可，这一步主要为系统添加时钟模块，如图 2.2.22 所示，然后单击 Next 按钮进入下一步。

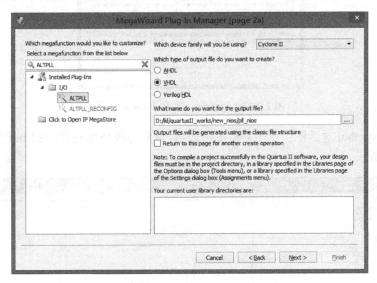

图 2.2.22 系统添加时钟模块

(13) 弹出 ALTPLL 设置对话框，这里在 General 栏目的 What is the frequency of the inclk0 input? 处将时钟更改为 50MHz，然后连续单击 Finish 按钮完成操作，如图 2.2.23 所示。

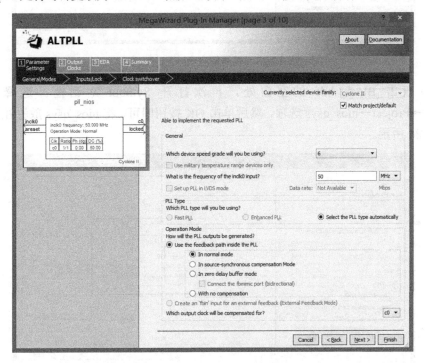

图 2.2.23 ALTPLL 对话框设置

（14）弹出一个 Quartus Ⅱ IP Files 对话框，单击 Yes 按钮完成即可，不需要进行任何操作，如图 2.2.24 所示。

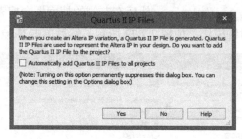

图 2.2.24　Quartus Ⅱ IP Files 对话框

（15）在 Symbol 对话框中单击 OK 按钮即可，最后将模块放在 Block1.bdf 空白界面中，如图 2.2.25 所示。

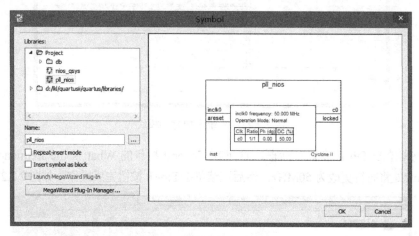

图 2.2.25　模块放在 Block1.bdf 中

（16）双击 Block1.bdf 的空白处，再次打开 Symbol 对话框。选择左侧的 Libraries→Project→nios_qsys 选项，然后单击 OK 按钮即可，将 nios_qsys 放置在空白处，如图 2.2.26 所示。

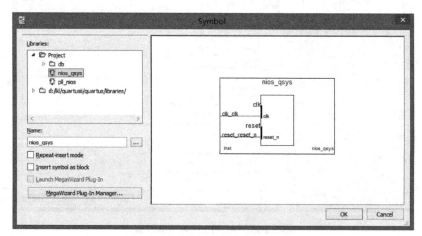

图 2.2.26　将 nios_qsys 放置在空白处

同样的方法，在空白处放置两个输入 input 和两个输入与门 and2，按图 2.2.27 所示连线。

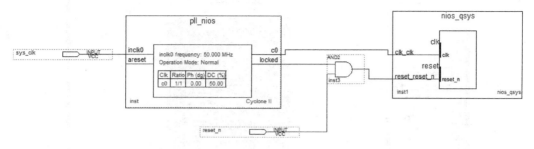

图 2.2.27　input 与 and2 连线

（17）执行 File→Save 菜单项，进行文件保存，名称默认即可，如 helloword.bdf，如图 2.2.28 所示。

图 2.2.28　保存文件

（18）执行 Project→Add→Remove Files in Project 菜单项，单击 File name 后面的浏览按钮，选择.qsys 文件(IP 核文件)，单击 Add 按钮将其添加进来，然后单击 OK 按钮（如果没有这一步会出现错误 Error:Node instance "xx" instantiates undefined entity "xx" vhdl，意思是部分 VHD 文件包括 IP 核等没有加入工程）。

（19）执行 Processing→Start→Start Analysis & Synthesis 命令，然后分配引脚，单击 Assignments→Pin Planner，如图 2.2.29 所示(这里复位引脚用的是 button 按钮，不能是拨码开关，否则后面对工程进行 Run As Nios Ⅱ Hardware 操作时会报错)。

（20）也可以通过 Tcl 脚本的方式分配引脚。新建 Tcl 文件，内容格式为 set_location_assignment PIN_G21 -to CLK，然后执行 Tools→Tcl scripts 命令，选中 Tcl 文件，单击 Run。

（21）执行 Processing→Start Compilation 命令进行编译，并把 sof 文件下载到板子里，硬件部分到此结束。

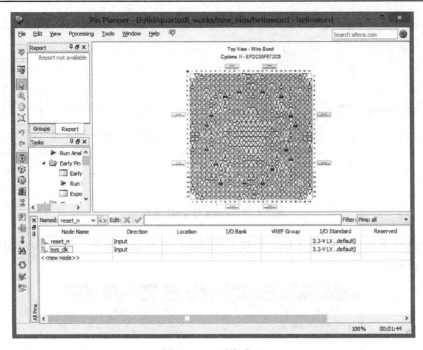

图 2.2.29　引脚分配

3. 软件部分设计

（1）打开 Quartus Ⅱ 13.0，选择 Tools→Software Build Tools for Eclipse 菜单项。进入首页后，首先，需要进行 Workspace Launcher（工作空间）路径的设置，接触过 Eclipse 的朋友都熟悉，这里的路径自己设定即可，需要注意的是路径中不要含有空格等特殊符号，然后单击 OK 按钮，弹出如图 2.2.30 所示的界面。

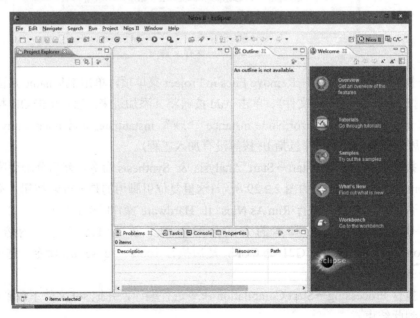

图 2.2.30　Nios Ⅱ-Eclipse 界面图

(2) 新建工程。执行 File→New→Nios Ⅱ Application and BSP from Template 命令，弹出 Nios Ⅱ Application and BSP from Template 窗口。先选择对应的 SOPC 系统，单击 SOPC Information File name 后面的浏览按钮，选择之前硬件部分做好的软核文件，后缀名为.sopcinfo，这里一定要注意，选择的文件一定要对应起来，否则会因为软硬不匹配导致系统失败。这里选择 nios_qsys.sopcinfo，然后系统会自动读取 CPU name，不用再进行设置，下面填写 Project name，这里填写为 helloword，工程模板(Project template)使用默认的即可，如图 2.2.31 所示。

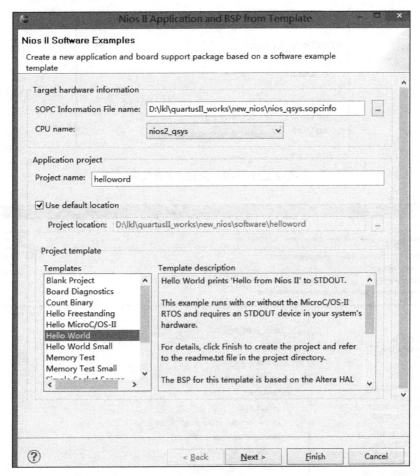

图 2.2.31　Nios Ⅱ Application and BSP from Template 设置

然后单击 Finish 按钮完成即可，这时候会在左侧的 Project Explorer 区域中生成两个工程文件，如图 2.2.32 所示。

(3) 双击打开 helloword 工程下面的 hello_word.c 文件，就可以看到 C 语言代码，我们添加一句“printf("Hello world! \n")”，如图 2.2.33 所示。

(4) 右击 helloword 工程，选择 Nios Ⅱ→BSP Editor 菜单项，进入 Nios Ⅱ BSP Editor 配置界面。主要在 Main 选项卡下 hal 中进行配置，具体配置内容如图 2.2.34 所示。然后单击 Generate 按钮，生成 BSP 库。生成完成后，单击 Exit 按钮退出即可。

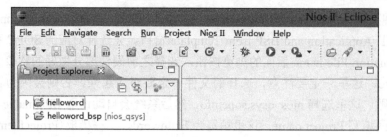

图 2.2.32 helloword 工程文件

```
#include <stdio.h>

int main()
{
  printf("Hello from Nios II!\n");
  printf("Hello world! \n");
  return 0;
}
```

图 2.2.33 hello_word.c 文件代码

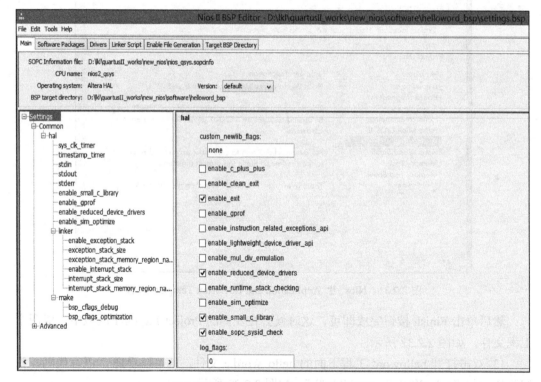

图 2.2.34 Nios Ⅱ BSP Editor 配置界面

（5）编译 helloword 工程，右击它并选择 Build Project 选项。

（6）编译完成后，右击工程，选择 Run As→Nios Ⅱ Hardware 菜单项，弹出 Run Configurations 对话框，默认 Project 选项卡中 Project name 和 Project ELF file name 应该

都是有内容的，没有的需要选一下。然后进入 Target Connection 选项卡，Connections 中如果没有东西，单击右侧的 Refresh Connection 按钮来查找我们的下载器，查找后单击 System ID Properties 按钮，进行系统 ID 检测，检查是否是我们之前设置的 ID，无误后单击 Apply，然后单击 Run 按钮，这时程序会被自动下载，最终在 Nios Ⅱ Console 选项卡中显示下载完成后程序运行的结果，即发回两句话，具体效果如图 2.2.35 所示。

图 2.2.35　运行结果图

第 3 章　基于 FPGA 的常用基本器件设计

3.1　移位寄存器设计

1. 实验目的

(1) 学习使用 Quartus Ⅱ 13.0 集成环境对 VHDL 及波形文件进行编辑、编译、仿真。
(2) 了解寄存器的分类方法，掌握各种寄存器的工作原理。
(3) 学习使用 VHDL 设计两种类型的寄存器。

2. 实验设备

硬件：PC 一台，TD-EDA/SOPC 综合实验平台或 DE2 开发板。
软件：Quartus Ⅱ 13.0 设计软件。

3. 实验原理

寄存器是中央处理器内的组成部分。寄存器是有限存储容量的高速存储部件，它们可用来暂存指令、数据和地址。在中央处理器的控制部件中，包含的寄存器有指令寄存器(IR)和程序计数器(PC)。在中央处理器的算术及逻辑部件中，寄存器有累加器(ACC)。

寄存器是一种重要的基本时序电路，主要用来寄存信号的值，包含标量和向量。因为一个触发器能存储一位二值代码，所以用 N 个触发器组成的寄存器能存储一组 N 位的二值代码。

寄存器中二进制数的位可以用两种方式移入或移出寄存器。第一种方法是以串行的方式将数据每次移动一位，这种方法称为串行移位(serial shifting)，线路较少，但耗费时间较多。第二种方法是以并行的方式将数据同时移动，这种方法称为并行移位(parallel shifting)，线路较为复杂，但是数据传送的速度较快。

因此，按照数据进出移位寄存器的方式，可以将移位寄存器分为四种类型：串行输入串行输出(serial in-serial out)移位寄存器、串行输入并行输出(serial in-parallel out)移位寄存器、并行输入串行输出(parallel in-serial out)移位寄存器、并行输入并行输出(parallel in-parallel out)移位寄存器。

4. 实验内容

本实验使用 VHDL 设计一个八位并行输入串行输出右移移位寄存器和一个八位串行输入并行输出寄存器，分别进行仿真、引脚分配并下载到电路板进行功能验证。

5. 实验步骤

1) 并行输入串行输出移位寄存器实验步骤
(1) 运行 Quartus Ⅱ 软件,选择 File→New Project Wizard 菜单项,选择工程目录名称、

工程名称及顶层文件名称为 SHIFT8R，在器件设置对话框中选择目标器件，建立新工程。

(2)选择 File→New 菜单项，创建 VHDL 设计文件，打开文本编辑器界面编写如下程序：

```
LIBRARY IEEE;
USE IEEE.STD_LOGIC_1164.ALL;
ENTITY SHIFT8R IS
PORT( CLK , LOAD : IN STD_LOGIC ;
DIN : IN STD_LOGIC_VECTOR(7 DOWNTO 0);
QB : OUT STD_LOGIC );
END ENTITY SHIFT8R;
ARCHITECTURE BEHAV OF SHIFT8R IS
BEGIN
PROCESS(CLK,LOAD)
    VARIABLE REG8 : STD_LOGIC_VECTOR( 7 DOWNTO 0);
    BEGIN
        IF CLK'EVENT AND CLK='1' THEN
          IF LOAD='1' THEN
            REG8 := DIN;
          ELSE
            REG8(6 DOWNTO 0):= REG8(7 DOWNTO 1);
            REG8(7):='0';
          END IF;
        END IF;
        QB <= REG8(0);
END PROCESS;
END ARCHITECTURE BEHAV;
```

(3)在文本编辑器界面中编写完成 VHDL 程序后，选择 File→Save As 菜单项，将创建的 VHDL 设计文件保存为工程顶层文件名 SHIFT8R.vhd。

(4)选择 Processing→Start Compilation 菜单项，编译源文件。编译无误后建立如图 3.1.1 所示的仿真波形文件 SHIFT8R.vwf。选择 Simulation→Run Function Simulation 菜单项进行功能仿真。

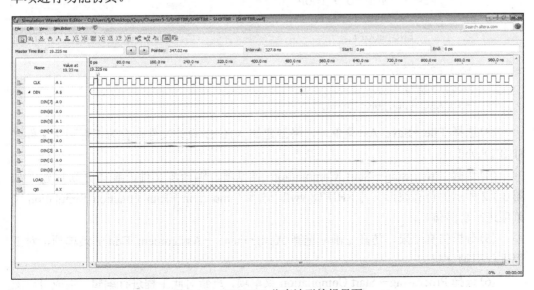

图 3.1.1　SHIFT8R 仿真波形编辑界面

(5) 分析仿真结果，仿真正确后选择 Assignments→Assignment Editor 菜单项，对工程进行引脚分配。

(6) 选择 Processing→Start Compilation 菜单项，重新对此工程进行编辑，生成可以配置到 FPGA 的 SOF 文件。

(7) 连接实验设备，打开电源，然后在 Quartus Ⅱ 13.0 软件中，选择 Tools→Programmer 菜单项，对芯片进行配置。

(8) 配置完成后验证移位寄存器的正确性。

2) 串行输入并行输出寄存器实验步骤

(1) 运行 Quartus Ⅱ 13.0 软件，选择 File→New Project Wizard 菜单项，选择工程目录名称、工程名称及顶层文件名称为 SHIFT8，在器件设置对话框中选择目标器件，建立新工程。

(2) 选择 File→New 菜单项，创建 VHDL 设计文件，打开文本编辑器界面，编写如下程序：

```
LIBRARY IEEE;
USE IEEE.STD_LOGIC_1164.ALL;
ENTITY SHIFT8 IS
PORT( DI ,CLK : IN  STD_LOGIC;
     DOUT : OUT STD_LOGIC_VECTOR(7 DOWNTO 0));
END ENTITY SHIFT8;
ARCHITECTURE BEHA OF SHIFT8 IS
   SIGNAL TMP : STD_LOGIC_VECTOR(7 DOWNTO 0);
BEGIN
PROCESS(CLK)
BEGIN
IF(CLK'EVENT AND CLK='1')THEN
TMP(7)<=DI;
    FOR I IN 1 TO 7 LOOP
       TMP(7-I)<=TMP(8-I);
       END LOOP;
    END IF;
END PROCESS;
DOUT<=TMP;
END ARCHITECTURE BEHA;
```

(3) 选择 File→Save As 菜单项，将创建的 VHDL 设计文件保存为工程顶层文件名 SHIFT8.vhd。

(4) 选择 Processing→Start Compilation 菜单项，编译源文件。编译无误后建立如图 3.1.2 所示的仿真波形文件 SHIFT8.vwf。选择 Simulation→Run Function Simulation 菜单项进行功能仿真。

(5) 分析仿真结果，仿真正确后选择 Assignments→Assignment Editor 菜单项，对工程进行引脚分配。

(6) 选择 Processing→Start Compilation 菜单项，重新对此工程进行编辑，生成可以配置到 FPGA 的 SOF 文件。

　　(7) 连接实验设备，打开电源，然后在 Quartus Ⅱ 13.0 软件中，选择 Tools→Programmer 菜单项，对芯片进行配置。

　　(8) 配置完成后验证串入并出寄存器的正确性。

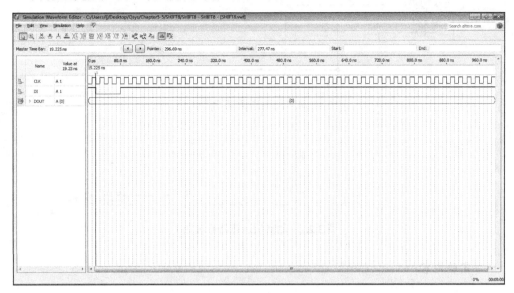

图 3.1.2　SHIFT8 仿真波形编辑界面

6. 实验结果

　　分析实验结果，判断电路的逻辑功能是否满足设计要求；对调试中遇到的问题及解决方法进行分析总结。对设计源程序、仿真波形、引脚分配情况、封装后的元件符号等进行截图，完成实验报告。

3.2　加减法运算器设计

1. 实验目的

　　(1) 学习 TD-EDA/SOPC 综合实验平台或 DE2 开发板的使用方法。
　　(2) 学习使用 Quartus Ⅱ 13.0 集成环境对 VHDL 及波形文件进行编辑、编译、仿真。
　　(3) 学习使用 VHDL 设计加减法运算器，掌握其工作原理。

2. 实验设备

　　硬件：PC 一台，TD-EDA/SOPC 综合实验平台或 DE2 开发板。
　　软件：Quartus Ⅱ 13.0 设计软件。

3. 实验原理

　　利用补码制可以将加减法运算器组织在一个电路中。加减法运算器是计算机进行算术运算的基础设备，由加减法运算器的基本单元可以构造出乘除法运算器等。加减法单元是在全加器的 b 输入端连接反向可控制器组成的(图 3.2.1)。

sub=1 时进入全加器的是 b 的反码，否则是 b 的值直接进入全加器。

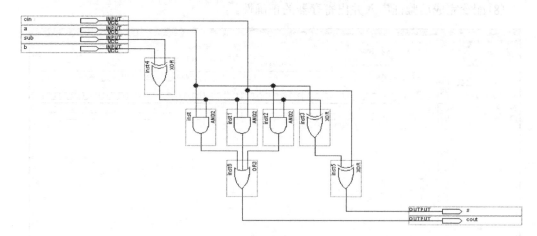

图 3.2.1　加减法运算器原理图

4. 实验内容

本实验使用 VHDL 设计一个 1 位的加减法运算器，并进行仿真、引脚分配并下载到电路板进行功能验证。

5. 实验步骤

(1)运行 Quartus Ⅱ 13.0 软件，选择 File→New Project Wizard 菜单项，选择工程目录名称、工程名称及顶层文件名称为 subadd，在器件设置对话框中选择目标器件，建立新工程。

(2)选择 File→New 菜单项，创建 VHDL 设计文件，打开文本编辑器界面编写如下程序：

```
LIBRARY IEEE;
USE IEEE.STD_LOGIC_1164.ALL;
ENTITY subadd IS
  PORT (
    A      : IN STD_LOGIC;
    SUB    : IN STD_LOGIC;
    B      : IN STD_LOGIC;
    CIN    : IN STD_LOGIC;
    COUT   : OUT STD_LOGIC;
    S      : OUT STD_LOGIC
  );
END subadd;
ARCHITECTURE F OF subadd IS
  SIGNAL w_7 : STD_LOGIC;
  SIGNAL w_2 : STD_LOGIC;
  SIGNAL w_3 : STD_LOGIC;
  SIGNAL w_4 : STD_LOGIC;
```

```
    SIGNAL w_5 : STD_LOGIC;
  BEGIN
    W_4 <= CIN AND A;
    W_2 <= CIN AND W_7;
    W_7 <= SUB XOR B;
    W_3 <= W_7 AND A;
    COUT <= W_2 OR W_3 OR W_4;
    S <= CIN XOR W_5;
    W_5 <= W_7 XOR '0';
  END F;
```

（3）在文本编辑器界面中编写完成 VHDL 程序后，选择 File→Save As 菜单项，将创建的 VHDL 设计文件保存为工程顶层文件名 subadd.vhd。

（4）选择 Processing→Start Compilation 菜单项，编译源文件。编译无误后建立如图 3.2.2 所示的仿真波形文件 subadd.vwf。选择 Simulation→Run Function Simulation 菜单项进行功能仿真。

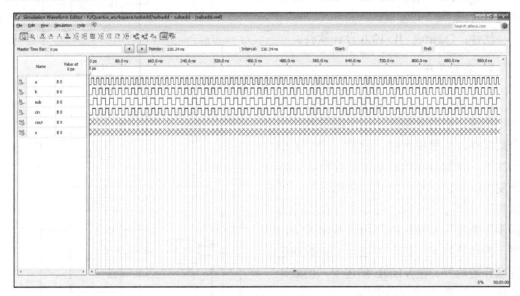

图 3.2.2　subadd 仿真波形编辑界面

（5）分析仿真结果，仿真正确后选择 Assignments→Assignment Editor 菜单项，对工程进行引脚分配。

（6）选择 Processing→Start Compilation 菜单项，重新对此工程进行编辑，生成可以配置到 FPGA 的 SOF 文件。

（7）连接实验设备，打开电源，然后在 Quartus Ⅱ 13.0 软件中，选择 Tools→Programmer 菜单项，对芯片进行配置。

（8）配置完成后验证加减法运算器的正确性。

6．实验结果

分析实验结果，判断电路的逻辑功能是否满足设计要求，对调试中遇到的问题及解决方法进行分析总结。

对设计源程序、仿真波形、引脚分配情况、封装后的元件符号等进行截图，完成实验报告。

3.3　计数器设计

1．实验目的

（1）掌握计数器的工作原理。

（2）学习使用 VHDL 设计一个十进制计数器。

2．实验设备

硬件：PC 一台，TD-EDA/SOPC 综合实验平台或 DE2 开发板。

软件：Quartus Ⅱ 13.0 设计软件。

3．实验原理

计数器（counter）是数字系统中常用的时序电路，它的作用除了记录时钟脉冲的个数以外，还包括定时、分频、产生节拍脉冲等。计数器在控制信号下计数，可以带复位和置位信号。因此，按照复位、置位与时钟信号是否同步可以将计数器分为同步计数器和异步计数器两种基本类型，每一种计数器又可以分为进行加计数和进行减计数两种。在 VHDL 描述中，加减计数用"＋"和"－"表示即可。

同步计数器与其他同步时序电路一样，复位和置位信号都与时钟信号同步，在时钟沿跳变时进行复位和置位操作。同样的道理，异步计数器是指计数器的复位、置位与时钟不同步。

1）同步十进制计数器

用 T 触发器组成的同步十进制加法计数器电路如图 3.3.1 所示。

由图 3.3.1 可知，从 0000 开始计算，计入第 9 个计数脉冲后电路进入 1001 状态，这时 Q_3' 的低电平使门 G_1 的输出为 0，

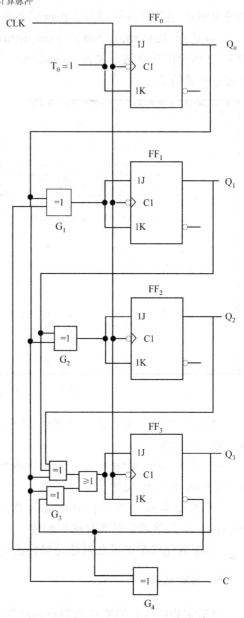

图 3.3.1　同步十进制加法计数器电路

而 Q_0 和 Q_3 的高电平使门 G_3 的输出为 1，所以 4 个触发器的输入控制端分别为 $T_0=1$、$T_1=0$、$T_2=0$、$T_3=1$。因此，当第 10 个计数脉冲输入后，FF_1 和 FF_2 维持 0 状态不变，FF_0 和 FF_3 从 1 翻转为 0，故电路返回状态 0000。

由逻辑图可以写出电路的驱动方程为

$$\begin{cases} T_0 = 1 \\ T_1 = Q_0 Q_3' \\ T_2 = Q_0 Q_1 \\ T_3 = Q_0 Q_1 Q_2 + Q_0 Q_3 \end{cases} \tag{3.3.1}$$

将式 (3.3.1) 代入 T 触发器的特性方程可以得到电路的状态方程：

$$\begin{cases} Q_0^* = Q_0' \\ Q_1^* = Q_0 Q_3' Q_1' + (Q_0 Q_3')' Q_1 \\ Q_2^* = Q_0 Q_1 Q_2' + (Q_0 Q_1)' Q_2 \\ Q_3^* = (Q_0 Q_1 Q_2 + Q_0 Q_3) Q_3' + (Q_0 Q_1 Q_2 + Q_0 Q_3)' Q_3 \end{cases} \tag{3.3.2}$$

根据式 (3.3.2) 可以进一步列出表 3.3.1 所示的电路状态转换表，并画出如图 3.3.2 所示的电路状态转换图。由状态转换图可知，此电路是能自启动的。

表 3.3.1　电路状态转换表

计数顺序	电路状态				等效十进制数	输出 C
	Q_3	Q_2	Q_1	Q_0		
0	0	0	0	0	0	0
1	0	0	0	1	1	0
2	0	0	1	0	2	0
3	0	0	1	1	3	0
4	0	1	0	0	4	0
5	0	1	0	1	5	0
6	0	1	1	0	6	0
7	0	1	1	1	7	0
8	1	0	0	0	8	0
9	1	0	0	1	9	1
10	0	0	0	0	0	0
0	1	0	1	0	10	0
1	1	0	1	1	11	1
2	0	1	1	0	6	0
0	1	1	0	0	12	0
1	1	1	0	1	13	1
2	0	1	1	0	4	0
0	1	1	1	0	14	0
1	1	1	1	1	15	1
2	0	0	0	1	2	0

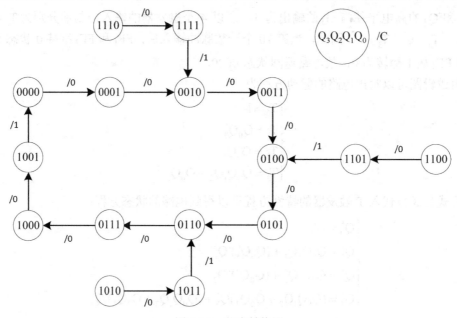

图 3.3.2　状态转换图

2) 异步十进制计数器

图 3.3.3 所示为异步十进制加法计数器的典型电路。假定所用的触发器为 TTL 电路，J、K 端悬空时相当于逻辑 1 电平。

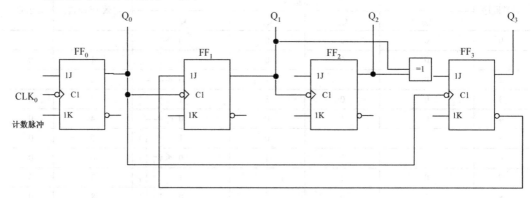

图 3.3.3　异步十进制加法计数器的典型电路

如果计数器从 $Q_3Q_2Q_1Q_0=0000$ 开始计数，由图 3.3.3 可知在输入第 8 个计数脉冲以前 FF_0、FF_1 和 FF_2 的 J 和 K 始终为 1，即工作在 T 触发器的 T=1 状态，因而工作过程和异步二进制加法计数器相同。在此期间虽然 Q_0 输出的脉冲也送给了 FF_3，但由于每次 Q_0 的下降沿到达时 $J_3=Q_1Q_2=0$，所以 FF_3 一直保持 0 状态不变。

当第 8 个计数脉冲输入时，由于 $J_3=K_3=1$，所以 Q_0 的下降沿到达以后 FF_3 由 0 变为 1.同时，J_1 也随 Q_3' 变为 0 状态。第 9 个计数脉冲输入以后，电路状态变成 $Q_3Q_2Q_1Q_0=1001$。第 10 个计数脉冲输入后，FF_0 翻成了 0，同时 Q_0 的下降沿使 FF_3 置 0，于是电路从 1001 返回到 0000，跳过了 1010~1111 这 6 个状态，成为十进制计数器。

将上述过程用电压波形表示，即得上述的时序图，如图 3.3.4 所示。

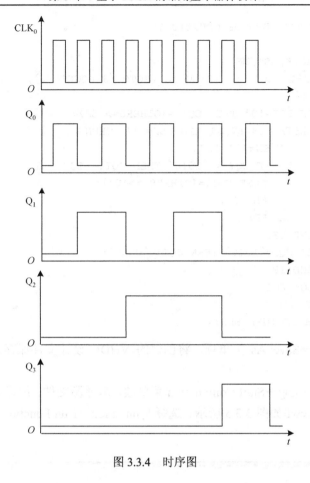

图 3.3.4　时序图

4. 实验内容

本实验使用 VHDL 设计十进制加法计数器，用发光二极管显示计数值，进行仿真、引脚分配并下载到电路板进行功能验证。

5. 实验步骤

(1)运行 Quartus Ⅱ 13.0 软件，选择 File→New Project Wizard 菜单项，选择工程目录名称、工程名称及顶层文件名称为 COUNT10，在器件设置对话框中选择目标器件，建立新工程。

(2)选择 File→New 菜单项，创建 VHDL 设计文件，打开文本编辑器界面，编写如下程序：

```
LIBRARY IEEE;
USE IEEE.STD_LOGIC_1164.ALL;
USE IEEE.STD_LOGIC_UNSIGNED.ALL;
ENTITY COUNT10 IS
PORT( CLK,RST,EN :  IN  STD_LOGIC;
      CQ : OUT STD_LOGIC_VECTOR(3 DOWNTO 0));
END ENTITY COUNT10;
```

```
ARCHITECTURE BEH OF COUNT10 IS
BEGIN
PROCESS(CLK,RST,EN)
    VARIABLE CQI  : STD_LOGIC_VECTOR(3 DOWNTO 0);
    BEGIN
        IF RST='0' THEN CQI:=(OTHERS=>'0');
        ELSIF CLK'EVENT AND CLK='1'  THEN
            IF EN='1' THEN
                IF CQI < "1010" THEN CQI:= CQI + 1;
                ELSE CQI:=(OTHERS =>'0');
                END IF;
            END IF;
        END IF;
        IF CQI="1010" THEN CQI:="0000";
        END IF;
        CQ<=CQI;
END PROCESS;
END ARCHITECTURE BEH;
```

(3)选择 File→Save As 菜单项，将创建的 VHDL 设计文件保存为工程顶层文件名 COUNT10.vhd。

(4)选择 Processing→Start Compilation 菜单项，编译源文件。编译无误后建立仿真波形文件 COUNT10.vwf 如图 3.3.5 所示。选择 Simulation→Run Function Simulation 菜单项进行功能仿真。

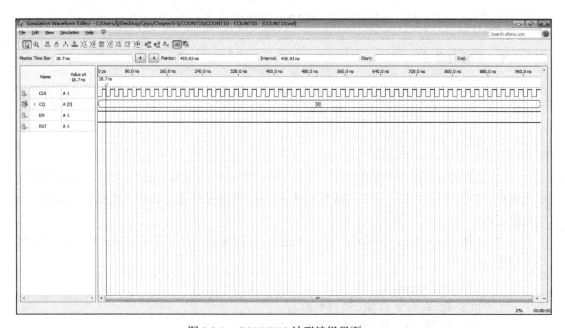

图 3.3.5　COUNT10 波形编辑界面

(5)分析仿真结果，仿真正确后选择 Assignments→Assignment Editor 菜单项，对工程进行引脚分配。

(6) 选择 Processing→Start Compilation 菜单项，重新对此工程进行编辑，生成可以配置到 FPGA 的 SOF 文件。

(7) 连接实验设备，打开电源，然后在 Quartus Ⅱ 13.0 软件中，选择 Tools→Programmer 菜单项，对芯片进行配置。

(8) 配置完成后验证计数器的正确性。

6. 实验结果

分析实验结果，判断电路的逻辑功能是否满足设计要求；对调试中遇到的问题及解决方法进行分析总结。对设计源程序、仿真波形、引脚分配情况、封装后的元件符号等进行截图，完成实验报告。

3.4　节拍器设计

1. 实验目的

(1) 学习 TD-EDA/SOPC 综合实验平台或 DE2 开发板的使用方法。
(2) 学习使用 Quartus Ⅱ 13.0 集成环境对 VHDL 及波形文件进行编辑、编译、仿真。
(3) 掌握节拍器的工作原理，学习使用 VHDL 设计的方法。

2. 实验设备

硬件：PC 一台，TD-EDA/SOPC 综合实验平台或 DE2 开发板。
软件：Quartus Ⅱ 13.0 设计软件。

3. 实验原理

在数字电路中，能按一定时间、一定顺序轮流输出脉冲波形的电路称为节拍器(顺序脉冲发生器)。在数字系统中，常用来控制某些设备按照事先规定的顺序进行运算或者操作。

图 3.4.1 是 6 节拍的节拍器原理图。系统初始化发出的控制信号 clr 是低电平信号，一般是在脉冲下降沿有效，此后 clr 将一直保持高电位状态。clr 瞬间为 0，使左上角的控制触发器位置下面的第一个触发器均复位，使第一拍信号线 p[0]=1，通过选通与门控制，发出第一拍的信号。此后，随着时钟脉冲的到来，环行计数器将高电位由左向右循环移动，p[5:0] 将顺序重复地发出不同节拍的信号。想要节拍器停止发送节拍信号，只要瞬间给出 brak=1 即可。brak 给出的控制信号通过非门转化为低电位信号，瞬间使上端的控制触发器复位，通过上面的选通与门，输出的 p[5:0]=6'b000000，停止节拍指示。

由于 clr 信号是对计算机全体控制的信号，因而对暂停的节拍器恢复工作，不能使用 clr，而是用 reset 信号完成的。瞬间 reset=1，通过与非门电路转成低电位，使环行计数器重新从第一拍开始工作。

这个节拍器的节拍由输出引脚的分量来表示，即 p[i]=1 (i=0,1,2,3,4,5) 表示当前是第 i 拍。输入端 clk 是系统时钟。clr 是初始化低电位输入端，低电位有效。reset 是高电位复位端，brak 是节拍暂停控制端。

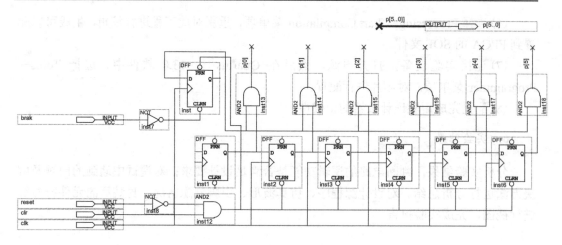

图 3.4.1　6 节拍的节拍器原理图

4. 实验内容

本实验使用 VHDL 设计一个 6 节拍的节拍器，对其进行仿真、引脚分配并下载到电路板进行功能验证。

5. 实验步骤

(1) 运行 Quartus Ⅱ 13.0 软件，选择 File→New Project Wizard 菜单项，选择工程目录名、工程名及顶层文件名为 jpq，在选择器件设置对话框中选择目标器件，建立新工程。

(2) 选择 File→New 菜单项，在打开的新建设计文件选择对话框中选择创建 VHDL设计文件，单击 OK 按钮，打开文本编辑器界面，在文本编辑器界面中编写如下 jpq 的VHDL 程序：

```
LIBRARY IEEE;
USE IEEE.STD_LOGIC_1164.ALL;
ENTITY jpq IS
  PORT (
    CLR    : IN STD_LOGIC;
    CLK    : IN STD_LOGIC;
    RESET  : IN STD_LOGIC;
    BRAK   : IN STD_LOGIC;
    P      : OUT STD_LOGIC_VECTOR(5 DOWNTO 0)
  );
END jpq;
ARCHITECTURE TRANS OF JPQ IS
  SIGNAL P_WW  :   STD_LOGIC_VECTOR(5 DOWNTO 0);
  SIGNAL W_10  :   STD_LOGIC;
  SIGNAL W_3   :   STD_LOGIC;
  SIGNAL W_8   :   STD_LOGIC;
  SIGNAL W_9   :   STD_LOGIC;
  SIGNAL W_11  :   STD_LOGIC;
  SIGNAL W_12  :   STD_LOGIC;
```

```
    SIGNAL w_13 : STD_LOGIC;
    SIGNAL w_14 : STD_LOGIC;
    SIGNAL w_15 : STD_LOGIC;
    SIGNAL w_16 : STD_LOGIC;
BEGIN
    PROCESS (CLK, W_10)
    BEGIN
        IF ((NOT(W_10))= '1')THEN
            W_11 <= '1';
        ELSIF (CLK'EVENT AND CLK = '1')THEN
            W_11 <= W_9;
        END IF;
    END PROCESS;
    PROCESS (CLK, W_10)
    BEGIN
        IF ((NOT(W_10))= '1')THEN
            W_16 <= '0';
        ELSIF (CLK'EVENT AND CLK = '1')THEN
            W_16 <= W_11;
        END IF;
    END PROCESS;
    P_WW(5)<= W_12 AND W_9;
    P_WW(4)<= W_12 AND W_13;
    P_WW(3)<= W_12 AND W_14;
    P_WW(2)<= W_12 AND W_15;
    P_WW(1)<= W_12 AND W_16;
    P_WW(0)<= W_12 AND W_11;
    PROCESS (CLK, W_10)
    BEGIN
        IF ((NOT(W_10))= '1')THEN
            W_15 <= '0';
        ELSIF (CLK'EVENT AND CLK = '1')THEN
            W_15 <= W_16;
        END IF;
    END PROCESS;
    PROCESS (CLK, W_10, W_3)
    BEGIN
        IF ((NOT(W_3))= '1')THEN
            W_12 <= '0';
        ELSIF ((NOT(W_10))= '1')THEN
            W_12 <= '1';
        ELSIF (CLK'EVENT AND CLK = '1')THEN
            W_12 <= W_12;
        END IF;
    END PROCESS;
    PROCESS (CLK, W_10)
    BEGIN
```

```
            IF ((NOT(W_10))= '1')THEN
               W_14 <= '0';
            ELSIF (CLK'EVENT AND CLK = '1')THEN
               W_14 <= W_15;
            END IF;
        END PROCESS;
        W_8 <= NOT(RESET);
        W_3 <= NOT(BRAK);
        PROCESS (CLK, W_10)
        BEGIN
            IF ((NOT(W_10))= '1')THEN
               W_13 <= '0';
            ELSIF (CLK'EVENT AND CLK = '1')THEN
               W_13 <= W_14;
            END IF;
        END PROCESS;
        PROCESS (CLK, W_10)
        BEGIN
            IF ((NOT(W_10))= '1')THEN
               W_9 <= '0';
            ELSIF (CLK'EVENT AND CLK = '1')THEN
               W_9 <= W_13;
            END IF;
        END PROCESS;
        W_10 <= W_8 AND CLR;
        P <= P_WW;
    END TRANS;
```

(3)选择 File→Save As 菜单项，将创建的 VHDL 设计文件名保存为工程顶层文件名 jpq.vhd。

(4)选择 Processing→Start Compilation 菜单项，编译源文件。编译无误后建立如图 3.4.2 所示的仿真波形文件 jpq.vwf。选择 Simulation→Run Function Simulation 菜单项进行功能仿真（波形仿真文件的建立步骤详见 2.1.4 节步骤(10)～步骤(12)）。

(5)分析仿真结果，仿真正确后选择 Assignments→Assignment Editor 菜单项，对工程进行引脚分配。

(6)选择 Processing→Start Compilation 菜单项重新对此工程进行编译，生成可配置到 FPGA 的 SOF 文件。

(7)连接实验设备，打开电源，然后在 Quartus Ⅱ 13.0 软件中，选择 Tools→Programmer 菜单项，对芯片进行配置。

(8)配置完成后演示实验任务，观察输出结果，验证所设计的节拍器是否正确。

6. 实验结果

分析实验结果，判断电路的逻辑功能是否满足设计要求；对调试中遇到的问题及解决方法进行分析总结。

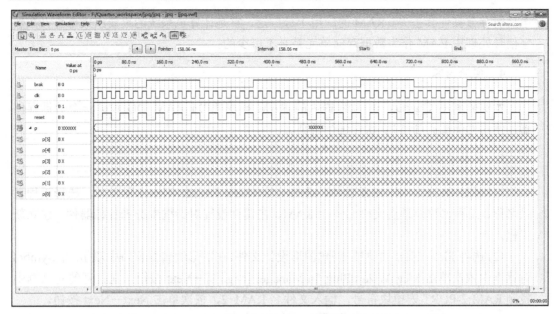

图 3.4.2　jpq 仿真波形编辑界面

对设计源程序、仿真波形、引脚分配情况、封装后的元件符号等进行截图,完成实验报告。

3.5　存储器设计

1. 实验目的

(1)掌握存储器的结构及工作原理。

(2)掌握 SRAM 的工作原理,使用 RAM 宏模块设计一个数据存储器。

2. 实验设备

硬件:PC 一台,TD-EDA/SOPC 综合实验平台或 DE2 开发板。

软件:Quartus II 13.0 设计软件。

3. 实验原理

存储器是数字系统的重要组成部分,数据处理单元的结果需要存储,许多处理单元的初始化也需要存放在存储器中。存储器还可以完成一些特殊的功能,如多路复用、数值计算、脉冲形成、特殊序列产生以及数字频率合成等。

Quartus II 软件提供了 RAM、ROM 和 FIFO 等宏模块,Altera 公司的许多 CPLD/FPGA 器件内部都有存储器模块,适合于存储器的设计。设计者可以很方便地设计各种类型的存储器。

随机存取存储器(random access memory,RAM)可以随时在任一指定地址写入或读取数据,它的最大优点是可以方便地读出/写入数据,但是 RAM 存在易失性的缺点,掉电后所存数据便会丢失。RAM 的应用十分广泛，它是计算机系统的重要组成部分，在数字信号处理中 RAM 作为数据存储单元是必不可少的。

4. 实验内容

本实验利用 Quartus Ⅱ 软件提供的 RAM 模块 LPM_RAM_DQ 设计一个数据存储器，使用 Quartus Ⅱ 13.0 软件进行仿真。

5. 实验步骤

(1)运行 Quartus Ⅱ 13.0 软件，选择 File→New Project Wizard 菜单项，选择工程目录名称、工程名称及顶层文件名称为 RAM，在器件设置对话框中选择目标器件，建立新工程。

(2)选择 File→New 菜单项，创建图形设计文件，在图形编辑器窗口中双击，在 Symbol 对话框中依次单击 MegaWizardPlug_In Manager [page 1]→Next 按钮，在打开的对话框中找到 RAM:2-PORT 宏模块符号，输入文件名 RAM_2，依次单击 Next→Next 按钮。

(3)RAM_2(RAM:2-PORT)宏模块中的设置如图 3.5.1 所示，依次单击 Next→Next 按钮。

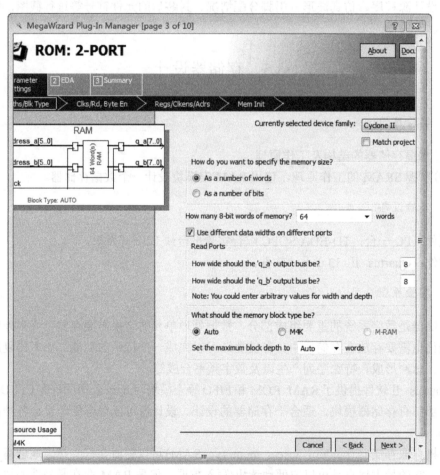

图 3.5.1　RAM_2 宏模块的设置

（4）RAM_2 宏模块中的设置如图 3.5.2 所示，单击 Next 按钮。

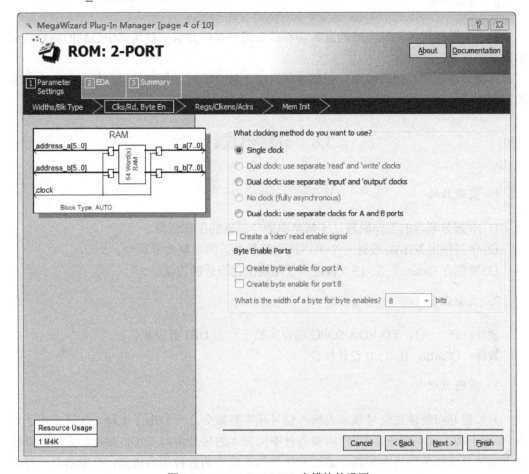

图 3.5.2　LPM_RAM_DQ 宏模块的设置

（5）在 RAM_2 宏模块设置窗口依次单击 Finish→Yes 按钮，将设计好的 RAM_2 模块放置到图形编辑器界面中，完成如图 3.5.3 所示的存储器电路图。

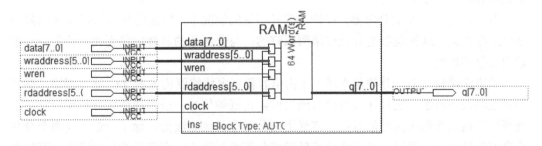

图 3.5.3　存储器电路图

（6）选择 Processing→Start Compilation 菜单项，编译源文件。编译无误后建立仿真波形文件 RAM.vwf，选择 Simulation→Run Function Simulation 菜单项进行功能仿真。

（7）分析仿真结果，验证所设计的存储器是否正确。

6. 实验结果

分析实验结果，判断电路的逻辑功能是否满足设计要求；对调试中遇到的问题及解决方法进行分析总结。

对设计源程序、仿真波形、引脚分配情况、封装后的元件符号等进行截图，完成实验报告。

3.6　分频器设计

1. 实验目的

(1)掌握分频器的工作原理，了解半整数分频器的工作原理。
(2)学习使用 VHDL 设计一个可以设置分频系数的半整数分频器。
(3)掌握在 Quartus Ⅱ 13.0 软件中使用层次化设计的方法。

2. 实验设备

硬件：PC 一台，TD-EDA/SOPC 综合实验平台或 DE2 开发板。
软件：Quartus Ⅱ 13.0 设计软件。

3. 实验原理

分频器是指使输出信号频率为输入信号频率整数分之一的电子电路，在许多电子设备(如电子钟、频率合成器等)中需要各种不同频率的信号协同工作，常用的方法是以稳定度高的晶体振荡器为主振源，通过变换得到所需要的各种频率成分，分频器是一种主要的变换手段。早期的分频器多为正弦分频器，随着数字集成电路的发展，脉冲分频器(又称数字分频器)逐渐取代了正弦分频器，即使在输入、输出信号均为正弦波时也往往采用模数转换—数字分频—数模转换的方法来实现分频。正弦分频器除在输入信噪比低和频率极高的场合已很少使用。

对于任何一个 N 次分频器，在输入信号不变的情况下，输出信号可以有 N 种间隔为 $2\pi/N$ 的相位。这种现象是分频作用所固有的，与分频器的具体电路无关，称为分频器输出相位多值性。

从电路结构可知，分频器本质上是由电容器和电感线圈构成的 LC 滤波网络，高音通道是高通滤波器，它只让高频信号通过而阻止低频信号；低音通道正好相反，它只让低频信号通过而阻止高频信号；中音通道则是一个带通滤波器，除了一低一高两个分频点之间的频率可以通过，高频成分和低频成分都将被阻止。在实际的分频器中，有时为了平衡高、低音单元之间的灵敏度差异，还要加入衰减电阻；另外，有些分频器中还加入了由电阻、电容构成的阻抗补偿网络，其目的是使音箱的阻抗曲线平坦一些，以便于功放驱动。

分频器通常用于对某个给定频率进行分频，得到所需的频率。整数分频器的实现比较简单，通常采用标准的计数器。但是在某些场合，系统时钟源与所需的频率不呈整数倍关系，此时可以采用小数分频器进行分频。例如，有一个 1MHz 的时钟源，但电路中需要一个 400Hz 的时钟信号，由于分频比为 2.5，此时整数分频器将不能胜任。

利用可编程逻辑器件进行小数分频的基本原理是：采用脉冲吞吐计数和锁相环技术，设计两个不同分频比的整数分频器，通过控制单位时间内两种分频比出现的不同次数，从而获得所需要的小数分频值。例如，设计分频系数为 10.1 的分频器，可以将分频器设计成 9 次 10 分频 1 次 11 分频，这样总的分频值为 $F=(9\times10+1\times11)/(9+1)=10.1$。

从这种实现方法的特点可以看出，由于分频器的分频值在不断改变，因此分频后得到的信号抖动较大。当分频系数为 $N–0.5$（N 为整数）时，可控制扣除脉冲的时间，使输出为一个稳定的脉冲频率，而不是一次 N 分频，一次 $N–1$ 分频。

4. 实验内容

本实验采用层次化的设计方法，顶层的原理图输入调用了半整数分频器符号，半整数分频器的输出经过一个 D 触发器输出方波。底层的半整数分频器使用 VHDL 设计的，其可预置系数的实现 $N=1\sim15$ 的半整数分频器，并且在此程序中调用子模块 D_HEX。子模块 D_HEX 使用 VHDL 设计了将输入信号经过译码后驱动两个 LED 进行显示。

分频器的预置输入、CS 使能信号由逻辑电平给出，计数时钟由实验箱上连续脉冲单元的 1MHz 信号提供，输出信号驱动 LED 数码管，用于显示分频的模 N，用虚拟逻辑分析仪或示波器可观察到输出的分频信号频率随模 N 的变换。分别进行仿真、引脚分配并下载到电路板进行功能验证。

5. 实验步骤

(1) 运行 Quartus Ⅱ 13.0 软件，选择 File→New Project Wizard 菜单项，选择工程目录名称、工程名称及顶层文件名称为 DECOUNT，在器件设置对话框中选择目标器件，建立新工程。

(2) 选择 File→New 菜单项，创建 VHDL 设计文件，打开文本编辑器界面，编写如下程序：

```
LIBRARY IEEE;
USE IEEE.STD_LOGIC_1164.ALL;
USE IEEE.STD_LOGIC_ARITH.ALL;
USE IEEE.STD_LOGIC_UNSIGNED.ALL;
ENTITY DECOUNT IS
PORT( CS : IN  STD_LOGIC ;
      INCLK : IN  STD_LOGIC;
      PRESET : IN  STD_LOGIC_VECTOR(3 DOWNTO 0);
      SEG : OUT STD_LOGIC_VECTOR(1 DOWNTO 0);
      LED : OUT STD_LOGIC_VECTOR(7 DOWNTO 0);
      OUTCLK  : BUFFER STD_LOGIC );
END ENTITY DECOUNT;
ARCHITECTURE BEHAV OF DECOUNT IS
    SIGNAL CLK ,DIVIDE2 : STD_LOGIC;
    SIGNAL COUNT  : STD_LOGIC_VECTOR(3 DOWNTO 0);
```

```
COMPONENT D_HEX
PORT( CS : IN STD_LOGIC;
      DATA : IN STD_LOGIC_VECTOR(3 DOWNTO 0);
      HEX_OUT : OUT STD_LOGIC_VECTOR(7 DOWNTO 0)
      SEG : OUT STD_LOGIC_VECTOR(1 DOWNTO 0));
END COMPONENT;
BEGIN
    CLK<= INCLK XOR DIVIDE2;
      PROCESS(CLK)
        BEGIN
          IF(CLK'EVENT AND CLK='1')THEN
            IF(COUNT="0000")THEN
              COUNT<=PRESET-1;
              OUTCLK<='1';
            ELSE
              COUNT<=COUNT-1;
              OUTCLK<='0';
            END IF;
          END IF;
        END PROCESS;
        PROCESS(OUTCLK)
        BEGIN
          IF(OUTCLK'EVENT and OUTCLK='1')THEN
            DIVIDE2<=NOT DIVIDE2;
          END IF;
        END PROCESS;
          DISPLAY1: D_HEX
      PORT MAP(CS=>CS,DATA=>PRESET,
        HEX_OUT =>LED);
    END ARCHITECTURE BEHAV;
```

（3）选择 File→Save As 菜单项，将创建的 VHDL 设计文件保存为 DECOUNT.vhd。

（4）因为 DECOUNT.VHD 程序中调用了子模块 D_HEX，所以还应该编写 D_HEX 子程序。选择 File→New 菜单项，创建 VHDL 设计文件，打开文本编辑器界面，编写如下程序：

```
LIBRARY IEEE;
USE IEEE.STD_LOGIC_1164.ALL;
USE IEEE.STD_LOGIC_ARITH.ALL;
USE IEEE.STD_LOGIC_UNSIGNED.ALL;
ENTITY D_HEX IS
PORT(CS : IN STD_LOGIC;
     DATA : IN STD_LOGIC_VECTOR(3 DOWNTO 0);
     HEX_OUT : OUT STD_LOGIC_VECTOR(7 DOWNTO 0);
     SEG : OUT STD_LOGIC_VECTOR(1 DOWNTO 0));
END ENTITY D_HEX;
ARCHITECTURE BEHAV OF D_HEX IS
```

```
        SIGNAL COM : STD_LOGIC_VECTOR(3 DOWNTO 0);
    BEGIN
        COM<=DATA;
        PROCESS(COM,CS)
        BEGIN
          IF(CS='1')THEN
            CASE COM IS
              WHEN "0000"  => HEX_OUT <="00111111" ;
              WHEN "0001"  => HEX_OUT <="00000110" ;
              WHEN "0010"  => HEX_OUT <="01011011" ;
              WHEN "0011"  => HEX_OUT <="01001111" ;
              WHEN "0100"  => HEX_OUT <="01100110" ;
              WHEN "0101"  => HEX_OUT <="01101101" ;
              WHEN "0110"  => HEX_OUT <="01111101" ;
              WHEN "0111"  => HEX_OUT <="00000111" ;
              WHEN "1000"  => HEX_OUT <="01111111" ;
              WHEN "1001"  => HEX_OUT <="01101111" ;
              WHEN "1010"  => HEX_OUT <="01110111" ;
              WHEN "1011"  => HEX_OUT <="01111100" ;
              WHEN "1100"  => HEX_OUT <="00111001" ;
              WHEN "1101"  => HEX_OUT <="01011110" ;
              WHEN "1110"  => HEX_OUT <="01111001" ;
              WHEN "1111"  => HEX_OUT <="01110001" ;
              WHEN OTHERS => HEX_OUT <="10000000" ;
            END CASE;
          END IF;
          IF(CS='0')THEN
            CASE COM IS
              WHEN OTHERS=>HEX_OUT<="10000000" ;
            END CASE;
          END IF;
        END PROCESS;
    END ARCHITECTURE BEHAV;
```

(5)选择 File→Save As 菜单项，将创建的 VHDL 设计文件保存为 D_HEX.vhd。

(6)选择 Processing→Compiler Tool 菜单项，编译 DECOUNT.vhd 源文件。编译无误后建立仿真波形文件 DECOUNT.vwf。选择 Simulation→Run Function Simulation 菜单项进行功能仿真。证明其正确后，选择 File→Create→Update→Create Symbol File for Current File 菜单项，为当前工程生成一个如图 3.6.1 所示的符号文件：DECOUNT.bsf 文件。选择 File→Close Project 菜单项关闭工程 DECOUNT。

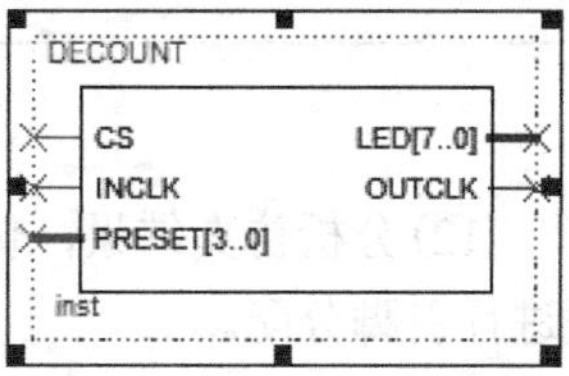

(7)选择 File→New Project Wizard 菜单项，选择工程目录名称、工程名称及顶层文件名称为 ODD_DEV_F，在器件设置对话框中选择目标器件，建立新工程。

图 3.6.1　DECOUNT 符号图

(8)将 DECOUNT 工程目录下的 D_HEX.vhd、DECOUNT.vhd 和 DECOUNT.bsf 文件复制到 ODD_DEV_F 工程目录下。

(9)选择 File→New 菜单项,创建图形设计文件,在图形编辑器窗口中双击,在 Symbol 对话框界面中可以找到 DECOUNT 的符号。在图形编辑器界面中完成如图 3.6.2 所示的分频器电路图。

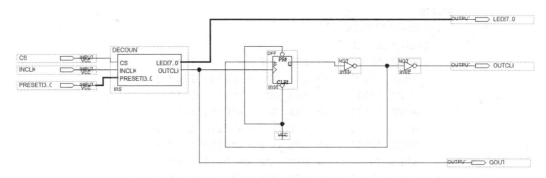

图 3.6.2　分频器电路图

(10)选择 File→Save As 菜单项，将设计的图形文件保存为工程顶层文件名 ODD_DEV_F.bdf。

(11)选择 Processing→Start Compilation 菜单项，编译源文件。编译无误后建立如图 3.6.3 所示的仿真波形文件 ODD_DEV_F.vwf。选择 Simulation→Run Function Simulation 菜单项进行功能仿真。

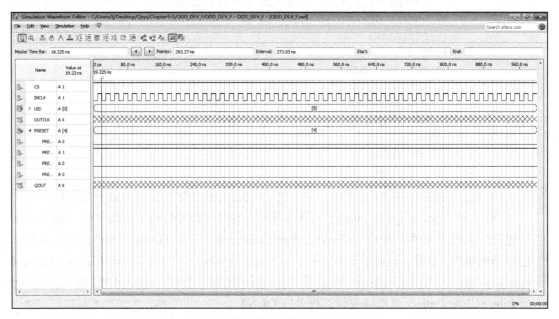

图 3.6.3　ODD_DEV_F 仿真波形编辑界面

(12)分析仿真结果，仿真正确后选择 Assignments→Assignment Editor 菜单项，对工程进行引脚分配。

(13)选择 Processing→Start Compilation 菜单项，重新对此工程进行编辑，生成可以配置到 FPGA 的 SOF 文件。

(14)连接实验设备，打开电源，然后在 Quartus Ⅱ 13.0 软件中，选择 Tools→

Programmer 菜单项，对芯片进行配置。

(15)配置完成后，验证分频器的正确性。

6．实验结果

分析实验结果，判断电路的逻辑功能是否满足设计要求；对调试中遇到的问题及解决方法进行分析总结。对设计源程序、仿真波形、引脚分配情况、封装后的元件符号等进行截图，完成实验报告。

3.7　D 触发器设计

1．实验目的

(1)学习 TD-EDA/SOPC 综合实验平台或 DE2 开发板的使用方法。

(2)学习使用 Quartus Ⅱ 13.0 集成环境对 VHDL 及波形文件进行编辑、编译、仿真；

(3)掌握 D 触发器的工作原理，学习使用 VHDL 设计的方法。

2．实验设备

硬件：PC 一台，TD-EDA/SOPC 综合实验平台或 DE2 开发板。

软件：Quartus Ⅱ 13.0 设计软件。

3．实验原理

D 触发器(data flip-flop 或 delay flip-flop)由 4 个与非门组成，其电路图如图 3.7.1 所示。其中 G_1 和 G_2 构成基本 RS 触发器。电平触发的主从触发器工作时，必须在正跳沿前加入输入信号。如果在 CP 高电平期间输入端出现干扰信号，那么就有可能使触发器的状态出错。而边沿触发器允许在 CP 触发沿来到前一瞬间加入输入信号。这样，输入端受干扰的时间大大缩短，受干扰的可能性就降低了。边沿 D 触发器也称为维持-阻塞边沿D 触发器。边沿 D 触发器可由两个 D 触发器串联而成，但第一个 D 触发器的 CP 需要用非门反向。

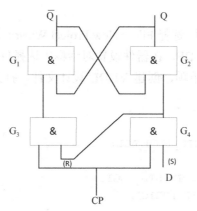

图 3.7.1　D 触发器电路图

D 触发器的工作原理如下：SD 和 RD 接至基本 RS 触发器的输入端，它们分别是预置和清零端，低电平有效。当 SD=1 且 RD=0 时（$\overline{SD}$ 为 0，$\overline{RD}$ 为 1，即在两个控制端口分别从外部输入的电平值，原因是低电平有效），不论输入端 D 为何种状态，都会使 Q=0，$\overline{Q}$=1，即触发器置 0；当 SD=0 且 RD=1（$\overline{SD}$ 为 1，$\overline{RD}$ 为 0）时，Q=1，$\overline{Q}$=0，触发器置 1，SD 和 RD 通常又称为直接置 1 和置 0 端。我们设它们均已加入了高电平，不影响电路的工作。

(1) CP=0 时，与非门 G_3 和 G_4 封锁，其输出 $Q_3=Q_4=1$，触发器的状态不变。同时，由于 $Q_3 \sim Q_5$ 和 $Q_4 \sim Q_6$ 的反馈信号将这两个门打开，因此可接收输入信号 D，$Q_5=D$，$Q_6=\overline{Q_5}=\overline{D}$。

(2) 当 CP 由 0 变为 1 时触发器翻转。这时 G_3 和 G_4 打开，它们的输入 Q_3 和 Q_4 的状态由 G_5 和 G_6 的输出状态决定。$Q_3=\overline{Q_5}=\overline{D}$，$Q_4=\overline{Q_6}=D$。由基本 RS 触发器的逻辑功能可知，$Q=\overline{Q_3}=D$。

(3) 触发器翻转后，在 CP=1 时输入信号被封锁。这是因为 G_3 和 G_4 打开后，它们的输出 Q_3 和 Q_4 的状态是互补的，即必定有一个是 0，若 Q_3 为 0，则经 G_3 输出至 G_5 输入的反馈线将 G_5 封锁，即封锁了 D 通往基本 RS 触发器的路径；该反馈线起到了使触发器维持在 1 状态和阻止触发器变为 0 状态的作用，故该反馈线称为置 1 维持线，置 0 阻塞线。Q_4 为 0 时，将 G_3 和 G_6 封锁，D 端通往基本 RS 触发器的路径也被封锁。Q_4 输出端至 G_6 反馈线起到使触发器维持在 0 状态的作用，称作置 0 维持线；Q_4 输出至 G_3 输入的反馈线起到阻止触发器置 1 的作用，称为置 1 阻塞线。因此，该触发器常称为维持-阻塞触发器。

该触发器是在 CP 正跳沿前接收输入信号，正跳沿时触发翻转，正跳沿后输入即被封锁，三步都是在正跳沿后完成的，所以有边沿触发器之称。与主从触发器相比，同工艺的边沿触发器有更强的抗干扰能力和更高的工作速度。

4. 实验内容

本实验使用 VHDL 设计一个带使能信号的上升沿触发的 D 触发器，其中 EN=1 时触发器正常工作，并对其进行仿真、引脚分配并下载到电路板进行功能验证。

5. 实验步骤

(1) 运行 Quartus Ⅱ软件，选择 File→New Project Wizard 菜单项，选择工程目录名称、工程名称及顶层文件名称为 DF，在器件设置对话框中选择目标器件，建立新工程。

(2) 选择 File→New 菜单项，创建 VHDL 设计文件，打开文本编辑器界面，编写如下程序：

```
LIBRARY IEEE;
USE IEEE.STD_LOGIC_1164.ALL;
ENTITY DF IS
  PORT (CLK,D,EN: IN STD_LOGIC;
        Q: OUT STD_LOGIC);
END;
ARCHITECTURE bhv OF DF IS
```

```
        SIGNAL Q1 : STD_LOGIC;
        BEGIN
          PROCESS (CLK,Q1)
          BEGIN
            IF CLK'EVENT AND CLK = '1'
                 THEN IF EN = '1'
                     THEN Q1 <= D;
                 END IF;
            END IF;
          END PROCESS;
            Q <= Q1;
        END bhv;
```

(3)在文本编辑器界面中编写完成 VHDL 程序后，选择 File→Save As 菜单项，将创
建的 VHDL 设计文件保存为工程顶层文件名 DF.vhd。

(4)选择 Processing→Start Compilation 菜单项，编译源文件。编译无误后建立如
图 3.7.2 所示的仿真波形文件 DF.vwf。选择 Simulation→Run Function Simulation 菜单项
进行功能仿真。

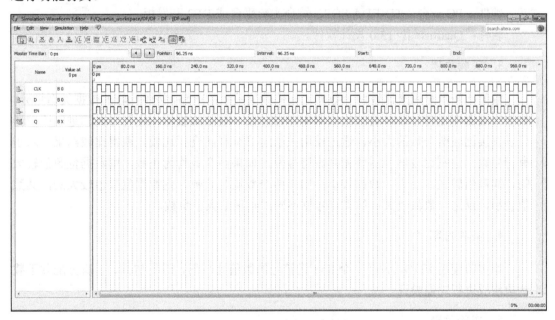

图 3.7.2　DF 仿真波形编辑界面

(5)分析仿真结果，仿真正确后选择 Assignments→Assignment Editor 菜单项，对工
程进行引脚分配。

(6)选择 Processing→Start Compilation 菜单项，重新对此工程进行编辑，生成可以配
置到 FPGA 的 SOF 文件。

(7)连接实验设备，打开电源，然后在 Quartus II 13.0 软件中，选择 Tools→Programmer
菜单项，对芯片进行配置。

(8)配置完成后验证 D 触发器的正确性。

6. 实验结果

分析实验结果，判断电路的逻辑功能是否满足设计要求；对调试中遇到的问题及解决方法进行分析总结。对设计源程序、仿真波形、引脚分配情况、封装后的元件符号等进行截图，完成实验报告。

3.8　数值比较器设计

1. 实验目的

(1) 学习 TD-EDA/SOPC 综合实验平台或 DE2 开发板的使用方法。
(2) 学习使用 Quartus Ⅱ 13.0 集成环境对 VHDL 及图形文件进行编辑、编译、仿真。
(3) 掌握数值比较器的工作原理，学习使用 VHDL 设计的方法。

2. 实验设备

硬件：PC 一台，TD-EDA/SOPC 综合实验平台或 DE2 开发板。
软件：Quartus Ⅱ 13.0 设计软件。

3. 实验原理

数值比较器是用来比较两个数据之间的数值关系的电路，按照比较的数据类型划分。数值比较器有无符号数二进制比较器和有符号数二进制比较器。无符号数二进制比较器可以直接比较两个数的大小，通过使用关系运算符直接进行比较，获得比较结果。对于有符号数二进制比较器，需要先判断符号位，如果两个数均为正数，则数据位数值较大的，其数值较大，反之，数据较小；如果两个数均为负数，则数据位数值较大的，其数值较小，反之，数值较大；如果符号位不同，则正数大于负数。

4. 实验内容

本实验使用 VHDL 设计一个 8bit 无符号的数值比较器，进行仿真、引脚分配并下载到电路板进行功能验证。

5. 实验步骤

(1) 运行 Quartus Ⅱ 13.0 软件，选择菜单 File→New Project Wizard 项，选择工程目录名称、工程名称及顶层文件名称为 compare，在选择器件设置对话框中选择目标器件，建立新工程。
(2) 选择 File→New 菜单项，在打开的新建设计文件选择对话框中选择创建 VHDL 设计文件，单击 OK 按钮，打开文本编辑器界面，编写如下程序：

```
LIBRARY IEEE;
USE IEEE.STD_LOGIC_1164.ALL;
ENTITY compare IS
```

```
        PORT (
            A  : IN STD_LOGIC_VECTOR(7 DOWNTO 0);
            B  : IN STD_LOGIC_VECTOR(7 DOWNTO 0);
            QT : OUT STD_LOGIC;
            EQ : OUT STD_LOGIC;
            LT : OUT STD_LOGIC
        );
    END compare;
    ARCHITECTURE ONE OF COMPARE IS
    BEGIN
        PROCESS (A, B)
        BEGIN
            IF (A > B)THEN
                QT <= '1';
                EQ <= '0';
                LT <= '0';
            ELSIF (A= B)THEN
                QT <= '0';
                EQ <= '1';
                LT <= '0';
            ELSE
                QT <= '0';
                EQ <= '0';
                LT <= '1';
            END IF;
        END PROCESS;
    END ONE;
```

(3) 在文本编辑器界面中编写完成 VHDL 程序后，选择 File→Save As 菜单项，将创建的 VHDL 设计文件名称保存为工程顶层文件名 compare.vhd。

(4) 选择 Processing→Start Compilation 菜单项，编译源文件。编译无误后建立如图 3.8.1 所示的仿真波形文件 compare.vwf，选择 Simulation→Run Function Simulation 菜单项进行功能仿真。

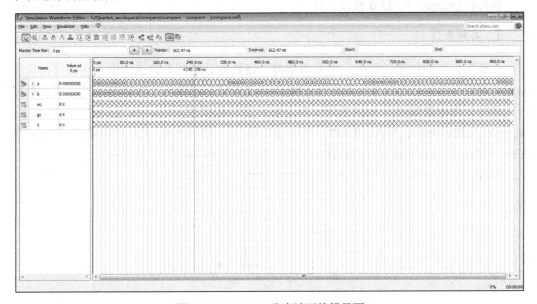

图 3.8.1　compare 仿真波形编辑界面

(5)分析仿真结果，仿真正确后选择 Assignments→Assignment Editor 菜单项，对工程进行引脚分配。

(6)选择 Processing→Start Compilation 菜单项，重新对此工程进行编译，生成可配置到 FPGA 的 SOF 文件。

(7)连接实验设备，打开电源，然后在 Quartus Ⅱ软件中，选择 Tools→Programmer 菜单项，对芯片进行配置。

(8)配置完成后拨动逻辑电平开关，观察显示的数字，验证所设计的数值比较器是否正确。

6. 实验结果

分析实验结果，判断电路的逻辑功能是否满足设计要求；对调试中遇到的问题及解决方法进行分析总结。对设计源程序、仿真波形、引脚分配情况、封装后的元件符号等进行截图，完成实验报告。

3.9　数据分配器设计

1. 实验目的

(1)学习 TD-EDA/SOPC 综合实验平台或 DE2 开发板的使用方法。
(2)学习使用 Quartus Ⅱ 13.0 集成环境对 VHDL 及图形文件进行编辑、编译、仿真。
(3)掌握数据分配器的工作原理，学习使用 VHDL 设计的方法。

2. 实验设备

硬件：PC 一台，TD-EDA/SOPC 综合实验平台或 DE2 开发板。
软件：Quartus Ⅱ 13.0 设计软件。

3. 实验原理

在数字信号的传输过程中，常常需要将一路数据分配到多路通道中。实现这种功能的逻辑电路称为数据分配器，简称 DEMUX。其电路为单输入、多输出形式。四路数据分配器的原理示意图如图 3.9.1 所示。D 为被传输的数据输入，A、B 是(地址)选择输入，$W_0 \sim W_3$ 为数据输出。当 AB=00 时，选中输出端 W_0；当 AB=01 时，选中输出端 W_1；当 AB=10 时，选中输出端 W_2；当 AB=11 时，选中输出端 W_3。

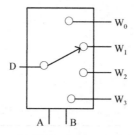

图 3.9.1　四路数据分配器的原理示意图

4. 实验内容

本实验使用 VHDL 设计图 3.9.1 所示的数据分配器,并进行仿真、引脚分配、下载到电路板进行功能验证。

5. 实验步骤

(1)运行 Quartus Ⅱ 13.0 软件,选择 File→New Project Wizard 菜单项,选择工程目录名称、工程名称及顶层文件名称为 allocate,在选择器件设置对话框中选择目标器件,建立新工程。

(2)选择 File→New 菜单项,在打开的新建设计文件选择对话框中选择创建 VHDL设计文件,单击 OK 按钮,打开文本编辑器界面,编写如下程序:

```
LIBRARY IEEE;
USE IEEE.STD_LOGIC_1164.ALL;
ENTITY allocate IS
  PORT (
        SEL : IN STD_LOGIC_VECTOR(1 DOWNTO 0);
        Q0 : OUT STD_LOGIC;
        Q1 : OUT STD_LOGIC;
        Q2 : OUT STD_LOGIC;
        Q3 : OUT STD_LOGIC;
        D  : IN  STD_LOGIC
);
END allocate;
ARCHITECTURE ABC OF ALLOCATE IS
BEGIN
  PROCESS (SEL, D)
  BEGIN
    CASE SEL IS
      WHEN "00" => Q0<= D;
      WHEN "01" => Q1<= D;
      WHEN "10" => Q2<= D;
      WHEN "11" => Q3<= D;
    END CASE;
  END PROCESS;
END ABC;
```

(3)在文本编辑器界面中编写完成 VHDL 程序后,选择 File→Save As 菜单项,将创建的 VHDL 设计文件名称保存为工程顶层文件名 allocate.vhd。

(4)选择 Processing→Start Compilation 菜单项,编译源文件。编译无误后建立如图 3.9.2 所示的仿真波形文件 allocate.vwf,选择 Simulation→Run Function Simulation 菜单项进行功能仿真。

(5)分析仿真结果,仿真正确后选择 Assignments→Assignment Editor 菜单项,对工程进行引脚分配。

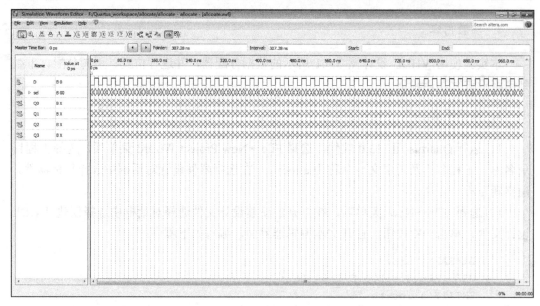

图 3.9.2　allocate 仿真波形编辑界面

(6) 选择 Processing→Start Compilation 菜单项，重新对此工程进行编译，生成可配置到 FPGA 的 SOF 文件。

(7) 连接实验设备，打开电源，然后在 Quartus Ⅱ 软件中，选择 Tools→Programmer 菜单项，对芯片进行配置。

(8) 配置完成后拨动逻辑电平开关，观察显示的数字，验证所设计的数值分配器是否正确。

6. 实验结果

分析实验结果，判断电路的逻辑功能是否满足设计要求；对调试中遇到的问题及解决方法进行分析总结。对设计源程序、仿真波形、引脚分配情况、封装后的元件符号等进行截图，完成实验报告。

3.10　序列信号发生器设计

1. 实验目的

(1) 学习 TD-EDA/SOPC 综合实验平台或 DE2 开发板的使用方法。
(2) 学习使用 Quartus Ⅱ 13.0 集成环境对 VHDL 及波形文件进行编辑、编译、仿真。
(3) 掌握序列信号发生器的工作原理，学习使用 VHDL 设计的方法。

2. 实验设备

硬件：PC 一台，TD-EDA/SOPC 综合实验平台或 DE2 开发板。
软件：Quartus Ⅱ 13.0 设计软件。

3. 实验原理

序列信号发生器是指在系统时钟的作用下能够循环产生一组或多组序列信号的时序电路。根据结构的不同，它可分为移位型序列信号发生器和计数型序列信号发生器两种。移位型序列信号发生器是由移位寄存器和组合电路两部分构成的，组合电路的输出作为移位寄存器的串行输入。计数型序列信号发生器能产生多组序列信号，这是移位型序列信号发生器所没有的功能。计数型序列信号发生器是由计数器和组合电路构成的。

4. 实验内容

本实验使用 VHDL 设计一个序列信号发生器，用于产生一组 10110101 信号，并对其进行仿真、引脚分配并下载到电路板进行功能验证。

5. 实验步骤

(1)运行 Quartus Ⅱ软件，选择 File→New Project Wizard 菜单项，选择工程目录名称、工程名称及顶层文件名称为 xl_generator，在器件设置对话框中选择目标器件，建立新工程。

(2)选择 File→New 菜单项，创建 VHDL 设计文件，打开文本编辑器界面，编写如下程序：

```
LIBRARY IEEE;
USE IEEE.STD_LOGIC_1164.ALL;
ENTITY xl_generator IS
  PORT (
        DOUT  : OUT STD_LOGIC;
        CLK  : IN STD_LOGIC;
        CLR  : IN STD_LOGIC
  );
END xl_generator;
ARCHITECTURE B OF XL_GENERATOR IS
  SIGNAL Q : STD_LOGIC_VECTOR(7 DOWNTO 0);
BEGIN
  PROCESS (CLK)
  BEGIN
    IF (CLK'EVENT AND CLK = '1')THEN
      IF (CLR = '1')THEN
        DOUT <= '0';
        Q <= "10110101";
      ELSE
        DOUT <= Q(7);
        Q<= (Q(6 DOWNTO 0)&Q(7));
      END IF;
    END IF;
  END PROCESS;
END B;
```

（3）在文本编辑器界面中编写完成 VHDL 程序后，选择 File→Save As 菜单项，将创建的 VHDL 设计文件保存为工程顶层文件名 xl_generator.vhd。

（4）选择 Processing→Start Compilation 菜单项，编译源文件。编译无误后建立如图 3.10.1 所示的仿真波形文件 xl_generator.vwf。选择 Simulation→Run Function Simulation 菜单项进行功能仿真。

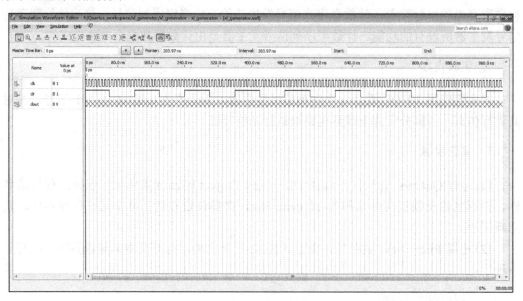

图 3.10.1　xl_generator 仿真波形编辑界面

（5）分析仿真结果，仿真正确后选择 Assignments→Assignment Editor 菜单项，对工程进行引脚分配。

（6）选择 Processing→Start Compilation 菜单项，重新对此工程进行编辑，生成可以配置到 FPGA 的 SOF 文件。

（7）连接实验设备，打开电源，然后在 Quartus Ⅱ 13.0 软件中，选择 Tools→Programmer 菜单项，对芯片进行配置。

（8）配置完成后验证序列信号发生的正确性。

6.　实验结果

分析实验结果，判断电路的逻辑功能是否满足设计要求；对调试中遇到的问题及解决方法进行分析总结。对设计源程序、仿真波形、引脚分配情况、封装后的元件符号等进行截图，完成实验报告。

第 4 章　基于 Qsys 的计算机体系结构实验

4.1　运算器实验

运算器包括 ALU、暂存器、三态缓冲器、数据总线等部件，用于实现算术和逻辑运算功能。在现代计算机中，运算器总是和通用寄存器连接在一起完成算术逻辑类指令的执行。所以运算器的设计，主要是围绕 ALU 和寄存器与数据总线之间如何传送操作数和运算结果进行的。计算机的一个最主要的功能就是处理各种算术和逻辑运算，这个功能要由 CPU 中的运算器来完成，运算器也称作算术逻辑部件。为了解运算器的基本结构，本章首先安排一个基本的运算器实验，然后设计一个加法器实验。

4.1.1　基本运算器设计实验

1. 实验目的

(1)了解运算器的组成结构。
(2)掌握运算器的工作原理。

2. 实验设备

PC 一台，TDX-CMX 实验系统一套。

3. 实验原理

本实验的原理如图 4.1.1 所示。

运算器内部含有三个独立运算部件，分别为算术、逻辑和移位运算部件，要处理的数据存于暂存器 A 和暂存器 B，三个部件同时接收来自 A 和 B 的数据(有些处理器体系结构把移位运算器放于算术和逻辑运算部件之前，如 ARM)，各部件对操作数进行何种运算由控制信号 S3…S0 和 CN 来决定，任何时候，多路选择开关只选择三部件中一个部件的结果作为 ALU 的输出。如果是影响进位的运算，还将置进位标志 FC，在运算结果输出前，置 ALU 零标志。ALU 中所有模块集成在一片 CPLD 中。

逻辑运算部件由逻辑门构成，较为简单，后面有专门的算术运算部件设计实验，在此对这两个部件不再赘述。移位运算采用的是桶形移位器，一般采用交叉开关矩阵来实现，交叉开关的原理如图 4.1.2 所示。图中显示的是一个 4×4 的矩阵(系统中是一个 8×8 的矩阵)。每一个输入都通过开关与一个输出相连，把沿对角线的开关导通，就可实现移位功能。

(1)对于逻辑左移或逻辑右移功能，将一条对角线的开关导通，这将所有的输入位与所使用的输出分别相连，而没有同任何输入相连的则输出连接 0。

（2）对于循环右移功能，右移对角线同互补的左移对角线一起激活。例如，在 4 位矩阵中使用"右 1"和"左 3"对角线来实现右循环 1 位。

（3）对于未连接的输出位，移位时使用符号扩展或是 0 填充，具体由相应的指令控制。使用另外的逻辑进行移位总量译码和符号判别。

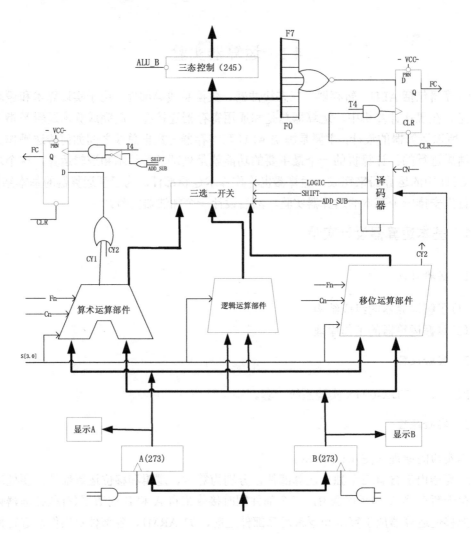

图 4.1.1　运算器原理图

ALU 的输入是通过 IN7～IN0 来引入的，而输出则通过三态门 74LS245 已经连到 CPU 内总线上了，另外还有指示灯标明进位标志 FC 和零标志 FZ，请注意：实验箱上凡是印标注有马蹄形标记"⊔"，表示这两根排针之间是连通的。图 4.1.1 中除 T4 和 CLR，其余信号均来自 ALU 的排线座，实验箱中所有单元的 T1、T2、T3、T4 都连接至控制总线单元的 T1、T2、T3、T4，CLR 都连接至 CON 单元的 CLR 按钮。T4 由时序单元的 TS4 提供，其余控制信号均由 CON 单元的二进制数据开关模拟给出。控制信号中除 T4 为脉冲信号外，其余均为电平信号，其中 ALU-B 为低电平有效，其余为高电平有效。

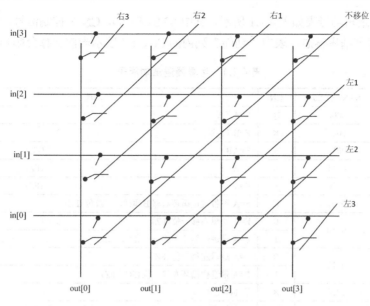

图 4.1.2　交叉开关桶形移位原理图

暂存器 A 和暂存器 B 的数据能在 LED 灯上实时显示,原理图如 4.1.3 所示(以 A0 为例,其他相同),进位标志 FC、零标志 FZ 和数据总线 D7…D0 的显示原理也是如此。

图 4.1.3　A0 显示原理

ALU 和寄存器堆的连接如图 4.1.4 所示,这里的 OUT[7..0]也连接到了 CPU 内总线上。

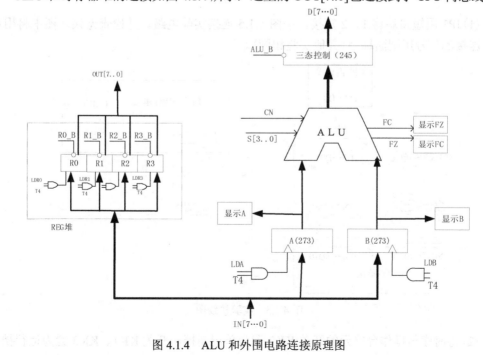

图 4.1.4　ALU 和外围电路连接原理图

运算器的逻辑功能表如表 4.1.1 所示，其中 S3 S2 S1 S0，CN 为控制信号，FC 为进位标志，FZ 为运算器清零标志，表中"功能"列内的 FC、FZ 表示当前运算会影响到该标志。

表 4.1.1 运算器逻辑功能表

运算类型	S3 S2 S1 S0	CN	功能
逻辑运算	0000	×	F=A（直通）
	0001	×	F=B（直通）
	0010	×	F=AB （FZ）
	0011	×	F=A+B （FZ）
	0100	×	F=/A （FZ）
移位运算	0101	×	F=A 不带进位循环右移 B（取低 3 位）位（FZ）
	0110	0	F=A 逻辑右移一位（FZ）
		1	F=A 带进位循环右移一位（FC，FZ）
	0111	0	F=A 逻辑左移一位（FZ）
		1	F=A 带进位循环左移一位（FC，FZ）
算术运算	1000	×	置 FC=CN （FC）
	1001	×	F=A 加 B （FC，FZ）
	1010	×	F=A 加 B 加 FC （FC，FZ）
	1011	×	F=A 减 B （FC，FZ）
	1100	×	F=A 减 1 （FC，FZ）
	1101	×	F=A 加 1 （FC，FZ）
	1110	×	（保留）
	1111	×	（保留）

注：表中"×"为任意态，下同。

4. 实验步骤

（1）JP1 用短路块将 1、2 短接，按图 4.1.5 连接实验电路，并检查无误。图中将用户需要连接的信号用圆圈标明（其他实验相同）。

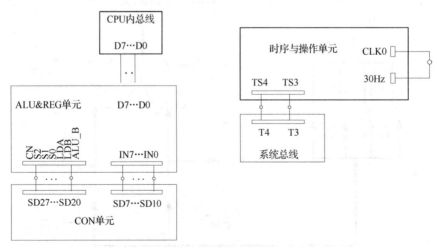

图 4.1.5 实验接线图

（2）将时序与操作台单元的开关 KK2 置为单周期挡，开关 KK1、KK3 置为运行挡。

（3）打开电源开关，如果听到有"嘀"报警声，说明有总线竞争现象，应立即关闭电源，重新检查接线，直到错误排除。然后按动 CON 单元的 CLR 按钮，将运算器的 A、B 和 FC、FZ 清零。

（4）用输入开关向暂存器 A 置数。

①拨动 CON 单元的 SD17…SD10 数据开关，形成二进制数 01100101（或其他数值），数据显示亮为 1，灭为 0。

②置 LDA=1，LDB=0，连续按动时序单元的 ST 按钮，产生一个 T4 上沿，则将二进制数 01100101 置入暂存器 A 中，暂存器 A 的值在 ALU 的 A7…A0 八位 LED 灯显示。

（5）用输入开关向暂存器 B 置数。

①拨动 CON 单元的 SD17…SD10 数据开关，形成二进制数 10100111（或其他数值）。

②置 LDA=0，LDB=1，连续按动时序单元的 ST 按钮，产生一个 T4 上沿，则将二进制数 10100111 置入暂存器 B 中，暂存器 B 的值通过 ALU 的 B7…B0 八位 LED 灯显示。

（6）改变运算器的功能设置，观察运算器的输出。置 ALU_B=0、LDA=0、LDB=0，然后按表 4.1.1 置 S3、S2、S1、S0 和 CN 的数值，并观察数据总线 LED 显示灯显示的结果。如置 S3、S2、S1、S0 为 0010，运算器做逻辑与运算，置 S3、S2、S1、S0 为 1001，运算器做加法运算。

如果实验箱和 PC 联机操作，则可通过软件中的数据通路图来观测实验结果，方法是：打开软件，选择联机软件的"实验"→"运算器实验"选项，打开运算器实验的数据通路图，如图 4.1.6 所示。进行上面的手动操作，每按动一次 ST 按钮，数据通路图会有数据的流动，反映当前运算器所做的操作，或在软件中选择"调试"→"单周期"选项，其作用相当于将时序单元的状态开关 KK2 置为"单步"挡后按动了一次 ST 按钮，数据通路图也会反映当前运算器所做的操作。

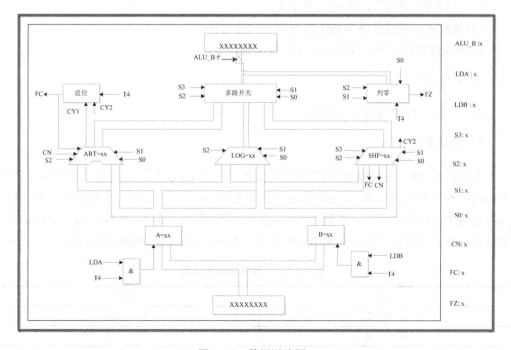

图 4.1.6　数据通路图

重复上述操作，并完成表 4.1.2。然后改变 A、B 的值，验证 FC、FZ 的锁存功能。

表 4.1.2　运算结果表

运算类型	A	B	S3 S2 S1 S0	CN	结果
逻辑运算	65	A7	0000	×	F=(65)FC=()FZ=()
	65	A7	0001	×	F=(65)FC=()FZ=()
			0010	×	F=(65)FC=()FZ=()
			0011	×	F=(65)FC=()FZ=()
			0100	×	F=(65)FC=()FZ=()
移位运算			0101	×	F=(65)FC=()FZ=()
			0110	0	F=(65)FC=()FZ=()
				1	F=(65)FC=()FZ=()
			0111	0	F=(65)FC=()FZ=()
				1	F=(65)FC=()FZ=()
算术运算			1000	×	F=(65)FC=()FZ=()
			1001	×	F=(65)FC=()FZ=()
			1010(FC=0)	×	F=(65)FC=()FZ=()
			1010(FC=1)	×	F=(65)FC=()FZ=()
			1011	×	F=(65)FC=()FZ=()
			1100	×	F=(65)FC=()FZ=()
			1101	×	F=(65)FC=()FZ=()

4.1.2　超前进位加法器设计实验

1. 实验目的

(1) 了解超前进位加法器的组成结构。
(2) 掌握超前进位加法器的工作原理及设计方法。
(3) 熟悉 FPGA 应用设计及 EDA 软件的使用。

2. 实验设备

PC 一台，TDX-CMX 实验系统一套。

3. 实验原理

加法器是执行二进制加法运算的逻辑部件，也是 CPU 运算器的基本逻辑部件(减法可以通过补码相加来实现)。加法器又分为半加器和全加器(FA)，不考虑低位的进位，只考虑两个二进制数相加，得到和以及向高位进位的加法器叫半加器，而全加器是在半加器的基础上又考虑了低位进来的进位信号。表 4.1.3 为 1 位全加器真值表。

表 4.1.3　1 位全加器真值表

输入			输出	
A	B	C_i	S	Co
0	0	0	0	0

续表

输入			输出	
A	B	C_i	S	Co
0	0	1	1	0
0	1	0	1	0
0	1	1	0	1
1	0	0	1	0
1	0	1	0	1
1	1	0	0	1
1	1	1	1	0

　　A、B 为 2 个 1 位的加数，C_i 为来自低位的进位，S 为和，Co 为向高位的进位，由表 4.1.3 所示的真值表，可得到全加器的逻辑表达式为

$$S = A\overline{BC_i} + \overline{A}B\overline{C_i} + \overline{AB}C_i + ABC_i, \quad Co = AB + AC_i + BC_i$$

根据逻辑表达式，可得到如图 4.1.7 所示的逻辑电路图。

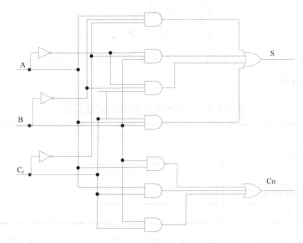

图 4.1.7　1 位全加器逻辑电路图

　　串行加法器运算速度慢，其根本原因是每一位的结果都要依赖于低位的进位，因而可以通过并行进位的方式来提高效率。只要能设计出专门的电路，使每一位的进位能够并行地产生而与低位的运算情况无关，就能解决这个问题。可以对加法器进位的逻辑表达式做进一步的推导。

$$Co = 0, \quad C_{i+1} = A_iB_i + A_iC_i + B_iC_i = A_iB_i + (A_i + B_i)C_i$$

设 $g_i = A_iB_i$、$p_i = A_i + B_i$，则有

$$\begin{aligned}
C_{i+1} &= g_i + p_iC_i \\
&= g_i + p_i(g_{i-1} + p_{i-1}C_{i-1}) \\
&= g_i + p_i(g_{i-1} + p_{i-1}(g_{i-2} + p_{i-2}C_{i-2})) \\
&\quad \cdots \\
&= g_i + p_i(g_{i-1} + p_{i-1}(g_{i-2} + p_{i-2}\cdots(\cdots(g_0 + p_0C_0)\cdots))) \\
&= g_i + p_ig_{i-1} + p_ip_{i-1}g_{i-2} + \cdots + p_ip_{i-1}\cdots p_1g_0 + p_ip_{i-1}\cdots p_1p_0C_0
\end{aligned}$$

由于 g_i、p_i 只和 A_i、B_i 有关，这样 C_{i+1} 就只和 A_i、A_{i-1}、$\cdots$、A_0，B_i、B_{i-1}、$\cdots$、B_0 及 C_0 有关。所以各位的进位 C_i、C_{i-1}、$\cdots$、C_1 就可以并行地产生，这种进位就叫超前进位。

根据上面的推导，随着加法器位数的增加，越是高位的进位逻辑电路就会越复杂，逻辑器件使用得也就越多。事实上，我们可以继续推导进位的逻辑表达式，使某些基本逻辑单元能够复用，且能照顾到进位的并行产生。

定义

$$G_{i,\,j} = g_i + p_ig_{i-1} + p_ip_{i-1}g_{i-2} + \cdots + p_ip_{i-1}\cdots p_{j+1}g_j$$
$$P_{i,\,j} = p_ip_{i-1}\cdots p_{j+1}p_j$$

则有

$$G_{i,i} = g_i$$
$$P_{i,i} = p_i$$
$$G_{i,j} = G_{i,k} + P_{i,k}G_{k-1,k}$$
$$P_{i,j} = P_{i,k}P_{k-1,j}$$
$$C_{i+1} = G_{i,j} + P_{i,j}C_j$$

从而可以得到表 4.1.4 所示的算法，该算法为超前进位算法的扩展算法，这里实现的是一个 8 位加法器的算法。

表 4.1.4　　超前进位算法的扩展算法

$G_{1,0} = p_1g_0$，$P_{1,0} = p_1p_0$	$G_{3,0} = G_{3,2} + p_{3,2}G_{1,0}$	
$G_{3,2} = g_3 + p_3g_2$，$P_{3,2} = p_3p_2$	$P_{3,0} = p_{7,6}p_{5,4}$	$G_{7,0} = G_{7,4} + p_{7,4}G_{3,0}$
$G_{5,4} = g_5 + p_5g_4$，$P_{5,4} = p_5p_4$	$G_{7,4} = G_{7,6} + p_{7,6}G_{5,4}$	$P_{7,0} = p_{7,4}p_{3,0}$
$G_{7,6} = g_7 + p_7g_6$，$P_{7,6} = p_7p_6$	$P_{7,4} = p_{7,6}p_{5,4}$	
$G_{8,6} = G_{7,0} + p_7g_6$		

从上表 4.1.4 可以看出，本算法的核心思想是把 8 位加法器分成两个四位加法器，先求出低四位加法器的各个进位，特别是向高四位加法器的进位 C_4。然后向高四位把 C_4 作为初始进位，使用低四位加法器相同的方法来完成计算。每一个四位加法器在计算时，又分成了两个 2 位加法器。如此递归，如图 4.1.8 所示。

在超前进位扩展算法的逻辑电路实现中，需要设计两种电路。模块 A 逻辑电路需要完成如下计算逻辑，其原理图如图 4.1.9 所示。

$$G_{i,i} = A_iB_i$$
$$P_{i,i} = A_i + B_i$$
$$S_i = A\overline{BC_i} + \overline{A}B\overline{C_i} + \overline{AB}C_i + ABC_i$$

模块 B 逻辑电路需要完成如下计算逻辑，其原理图如图 4.1.10 所示。

$$G_{i,j} = G_{i,k} + P_{i,k}G_{k-i,j}$$
$$P_{i,j} = P_{i,k}P_{k-i,j}$$
$$C_{i+1} = G_{i,j} + P_{i,j}C_j$$

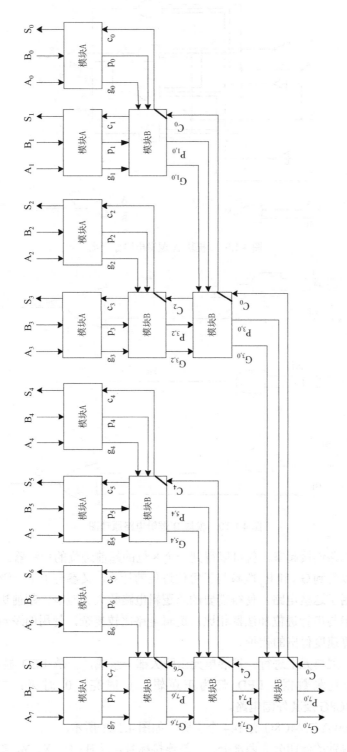

图 4.1.8　超前进位扩展算法示意图

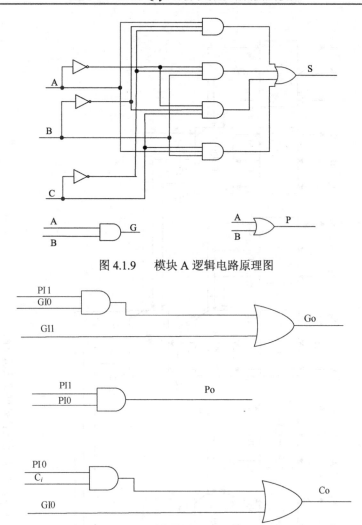

图 4.1.9　　模块 A 逻辑电路原理图

图 4.1.10　　模块 B 逻辑电路原理图

　　将这两种电路连接起来，就可以得到一个 8 位的超前进位的加法器。

　　从图中可以看到 $G_{i,i}$ 和 $P_{i,i}$ 既参与了每位进位的计算，又参与了下一级 $G_{i,i}$ 和 $P_{i,i}$ 的计算。这样就复用了这些电路，使得需要的总逻辑电路数大大减少。超前进位加法器的运算速度较快，但与串行进位加法器相比，逻辑电路比较复杂，使用的逻辑器件较多，这些是为提高运算速度付出的代价。

　　本实验在扩展单元上进行，扩展单元由两大部分组成，一是 LED 显示灯，两组 16 只，供调试时观测数据，LED 灯为正逻辑，1 时亮，0 时灭；二是一片 Intel 10CL006YE144C8G 及其外围电路。

　　Intel 10CL006YE144C8G 有 144 个引脚，如图 4.1.11 所示。

　　扩展单元排针的丝印分为两部分，一是连接标号，以 H、U、X、Y、Z 开头，如 HO；二是芯片引脚号，是纯数字，如 2，它们表示的是同一个引脚。在 Quartus 软件中分配 I/O 时用的是引脚号，而在实验接线图中，都是以连接标号来描述。扩展单元引出了部分 I/O 引脚，供实验使用。

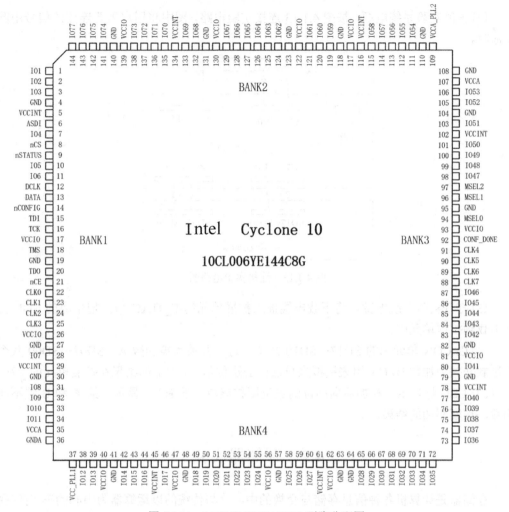

图 4.1.11　10CL006YE144C8G 引脚分配图

4. 实验步骤

（1）根据上述加法器的逻辑原理使用 Quartus Ⅱ 13.0 软件编辑相应的电路原理图并进行编译，其在 10CL006YE144C8G 芯片中对应的引脚如图 4.1.12 所示，框外文字表示连接标号，框内文字表示该引脚的含义。

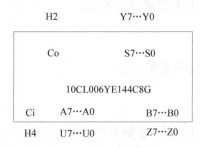

图 4.1.12　引脚分配图

(2)关闭实验系统电源，按图 4.1.13 连接实验电路，图中将用户需要连接的信号用圆圈标明。

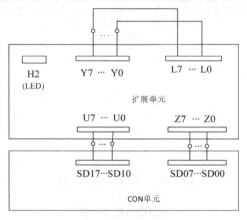

图 4.1.13　连接实验电路图

(3)打开实验系统电源，将下载电缆插入扩展单元的 E_JTAG 口，把生成的 SOF 文件下载到扩展单元中。

(4)以 CON 单元中的 SD17…SD10 八个二进制开关为被加数 A，SD07…SD00 八个二进制开关为加数 B，CN 用来模拟来自低位的进位信号，相加的结果在扩展单元的 L7…L0 八个 LED 灯显示，相加后向高位的进位用扩展单元的 H2 灯显示。给 A 和 B 置不同的数，观察相加的结果。

4.2　存储器实验

存储器是计算机各种信息存储与交换的中心。与传统的以运算器为中心的冯·诺依曼计算机不同，现代的计算机系统以存储器为中心。这里主要从系统结构的角度介绍存储系统的原理和一些典型的实现方法。

4.2.1　FIFO 存储实验

1. 实验目的

掌握 FIFO 存储器的工作特性和读写方法。

2. 实验设备

PC 一台，TDX-CMX 实验系统一套。

3. 实验原理

本实验在"扩展单元"上进行，扩展单元由两大部分组成，一是 LED 显示灯，两组 16 只，供调用时观测数据，LED 灯为正逻辑，1 时灯亮，0 时灯灭；二是一片 Intel 10CL006YE144C8G 及其外围电路。Intel 10CL006YE144C8G 有 144 个引脚，如图 4.2.1 所示。

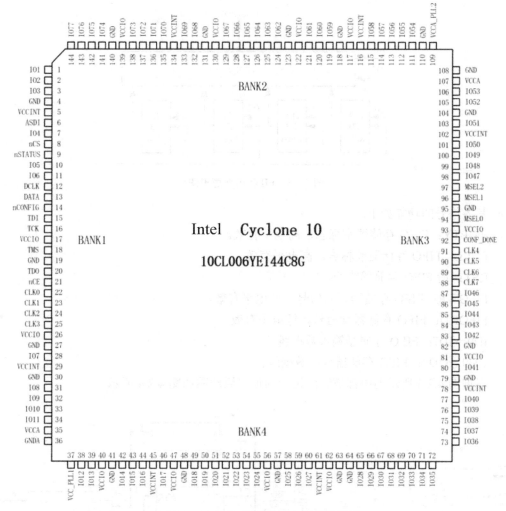

图 4.2.1　10CL006YE144C8G 引脚分配图

扩展单元排针的丝印分为两部分，一是连线标号，以 H、U、X、Y、Z 开头，如 H0；二是芯片引脚号，是纯数字，它们表示的是同一个引脚。在 Quartus 软件中分配 I/O 时用的是引脚号，而在实验接线图中，都是以连线标号来描述。本单元引出了部分 I/O 引脚，供实验使用。

本实验用 FPGA 芯片来实现一个简单的 8×4 位的 FIFO，器件的接口信号如图 4.2.2 所示，内部逻辑图如图 4.2.3 所示。

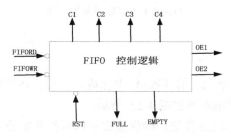

图 4.2.2　定义 FIFO 器件的接口信号

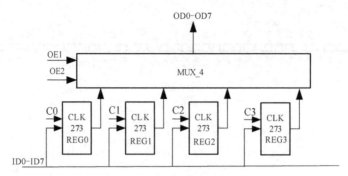

图 4.2.3　FIFO 内部逻辑图

其各信号的功能如下。

EMPTY：FIFO 存储器空标志，高电平有效。

FULL：FIFO 存储器满标志，高电平有效。

RST：清 FIFO 存储器为空。

FIFOWR：FIFO 存储器写入信号，低电平有效。

FIFORD：FIFO 存储器读信号，低电平有效。

ID0~ID7：FIFO 存储器输入数据线。

OD0~OD7：FIFO 存储器输出数据线。

根据图 4.2.3 所示的内部逻辑图设计的顶层原理图如图 4.2.4 所示。

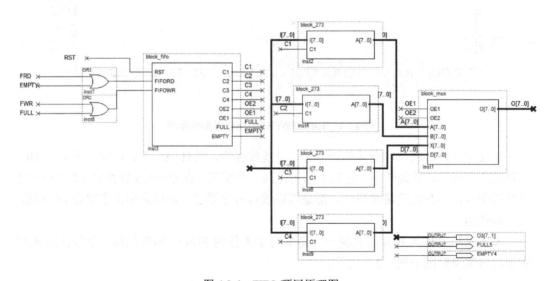

图 4.2.4　FIFO 顶层原理图

4．实验步骤

（1）本实验在"扩展单元"的 FPGA 中完成，按照上述功能要求及引脚说明，进行 FPGA 芯片设计，其引脚电路图如图 4.2.5 所示。

（2）关闭电源，按图 4.2.6 接线。确保接线正确后打开实验系统的电源。

（3）编辑、编译所设计的程序，打开实验系统电源，将下载电缆插入扩展单元的 E_JTAG 口，把生成的 SOF 文件下载到 FPGA 单元中。

（4）接线图中 H1 是 FIFO 空状态、H2 是满状态指示信号，分别通过扩展单元指示灯 H1、H2 显示，用来反映 FIFO 当前的状态。注意：系统总清后 FIFO 输出的数据是无效的，因为当 FIFO 总清后，读计数器的输出被清零，此时多路开关选择输出 C0 中的数据，而 C0 中的数据是不确定的。当第一次对 FIFO 进行写操作后，FIFO 输出的数据开始有效。简单地说，空标志位无效时，FIFO 的输出有效。每读一次，FIFO 的输出改变一次，指向下一个数据。当 FIFO 满标志有效时，不允许再对 FIFO 进行写操作，否则会引起系统错误。

H0	U7…U0	X7…X0
RST	I7…I0	O7…O0
	FPGA单元	
FRD	FWR	FULL	EMPTY
H5	H6	H2	H1

图 4.2.5　引脚电路图

实验时，按动系统右下角的 CLR 清零开关可使读、写信号计数清零。这时指示灯 H1，H2 显示，用来表示 FIFO 为空。使用 CON 单元编号为 SD07 到 SD00 的开关模拟输入总线给出一个数据，按动时序与操作台单元的开关 ST–，可将该数写入 FIFO 中。这时指示灯 H1 灭，表示 FIFO 中已经有数据存在，说明当前 FIFO 的输出是有效的；依次写四次后，FULL 满标志置位，这时指示灯 H2 亮；然后连续按动开关 KK–，给出读信号，将顺序读出所存的四个数，扩展 D 单元的 L15 到 L8 显示所读出的数据，四个数全部读出后，EMPTY 空标志置位。检查执行结果是否与理论值一致。

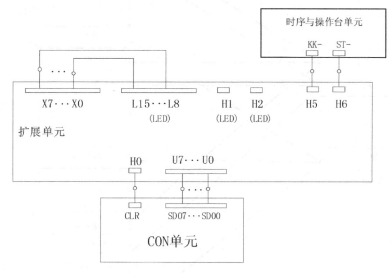

图 4.2.6　FIFO 实验接线图

4.2.2　Cache 控制器设计实验

1. 实验目的

掌握 Cache 控制器的原理及其设计方法。

2. 实验设备

PC 一台，TDX-CMX 实验系统一套。

3．实验原理

本实验采用的地址变换是直接映象方式，这种变换方式简单而直接，硬件实现很简单，访问速度也比较快，但是块的冲突率比较高。其主要原则是：主存中某区的一块存入缓存时只能存入缓存中块号相同的位置。

假设主存的块号为 B，Cache 的块号为 b，则它们之间的映象关系可以表示为

$$b = B \bmod C_b$$

其中，C_b 是 Cache 的块容量。设主存的块容量为 M_b，区容量为 M_e，则直接映象方法的关系如图 4.2.7 所示。把主存按 Cache 的大小分成区，一般主存容量为 Cache 容量的整数倍，主存每一个分区内的块数与 Cache 的总块数相等。直接映象方式只能把主存各个区中相对块号相同的那些块映象到 Cache 中同一块号的那个特定块中。例如，主存的块 0 只能映象到 Cache 的块 0 中，主存的块 1 只能映象到 Cache 的块 1 中。同样，主存区 1 中的块 C_b（在区 1 中的相对块号是 0）也只能映象到 Cache 的块 0 中。根据上面给出的地址映象规则，整个 Cache 地址与主存地址的低位部分是完全相同的。

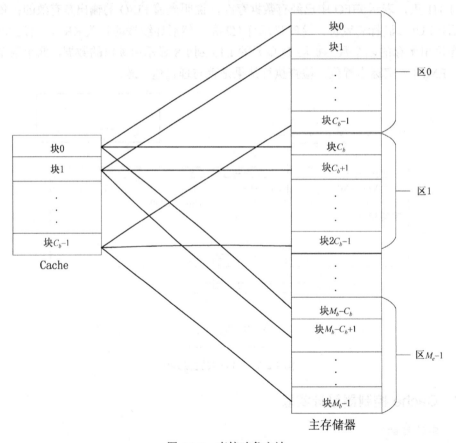

图 4.2.7　直接映象方法

直接映象方式的地址变换过程如图 4.2.8 所示，主存地址中的块号 B 与 Cache 地址中的块号 b 是完全相同的。同样，主存地址中的块内地址 W 与 Cache 地址中的块内地址 w 也是完全相同的，主存地址比 Cache 地址长出来的部分称为区号 E。

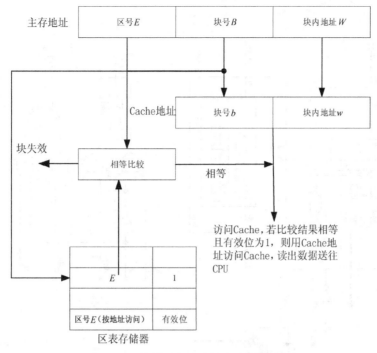

图 4.2.8　直接映象方式的地址变换过程

在程序执行过程中，当要访问 Cache 时，为了实现主存块号到 Cache 块号的变换，需要有一个存放主存区号的小容量存储器，这个存储器的容量与 Cache 的块数相等，字长为主存地址中区号 E 的长度，另外再加一个有效位。

在主存地址到 Cache 地址的变换过程中，首先用主存地址中的块号访问区号存储器（按地址访问）。把读出来的区号与主存地址中的区号 E 进行比较，根据比较结果和与区号在同一存储字中的有效位情况做出处理。如果区号比较结果相等，有效位为 1，则 Cache 命中，表示要访问的那一块已经装入 Cache 中了，这时 Cache 地址（与主存地址的低位部分完全相同）是正确的。用这个 Cache 地址去访问 Cache，把读出来的数据送往 CPU。其他情况均为 Cache 没有命中，或称为 Cache 失效，表示要访问的那个块还没有装入 Cache 中，这时，要用主存地址去访问主存储器，先把该地址所在的块读到 Cache 中，然后 CPU 从 Cache 中读取该地址中的数据。

本实验要在 FPGA 中实现 Cache 及其地址变换逻辑（也叫 Cache 控制器），采用直接相联地址变换，只考虑 CPU 从 Cache 读数据，不考虑 CPU 从主存中读数据和写回数据的情况，Cache 和 CPU 以及存储器的关系如图 4.2.9 所示。

Cache 控制器顶层模块图如图 4.2.10 所示，储存地址为 A7…A0，共 8 位，区号 E 取 3 位，这样

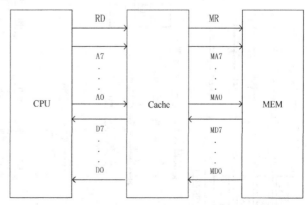

图 4.2.9　Cache 系统图

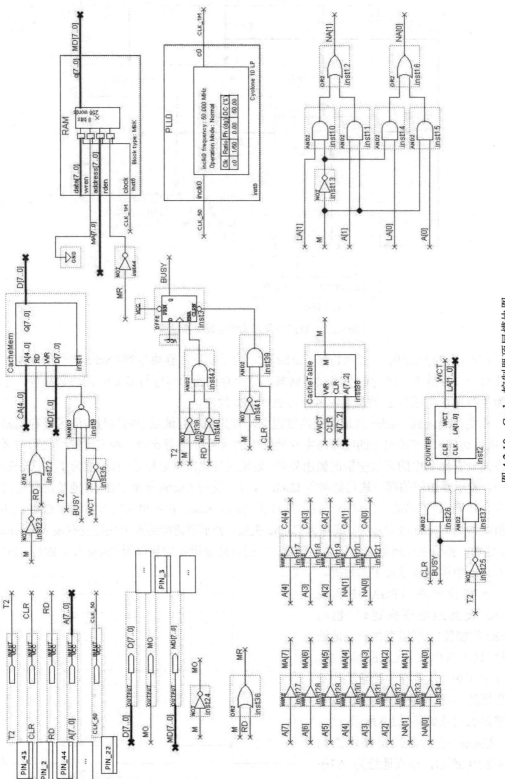

图 4.2.10　Cache 控制器顶层模块图

Cache 地址还剩 5 位，所以 Cache 容量为 32 个单元，块号 B 取 3 位，则 Cache 分为 8 块，块内地址 W 取 2 位，则每块为 4 个单元。

WCT 为写 Cache 块表信号，CLR 为系统总清零信号，A7…A0 为 CPU 访问地址，M 为 Cache 失效信号，CA4…CA0 为 Cache 地址，MD7…MD0 为主存送 Cache 的数据，D7…D0 为 Cache 送 CPU 数据，T2 为系统时钟，RD 为 CPU 访问内存读信号，LA1 和 LA0 为块内地址。

在 Quartus Ⅱ 软件中先调用一个 8 位的 SRAM 的 IP 核编写一个 MIF 文件来存储数据，然后实现一个 8 位的存储单元，这样就实现了 Cache 的存储体。

再实现一个 4 位的存储单元，将这个 4 位的存储单元构成一个 8×4 位的区表存储器，用来存放区号和有效位，在这个文件中，还实现了一个区号比较器，如果主存地址的区号 E 和区表中相应单元中的区号相等，且有效位为 1，则 Cache 命中，否则 Cache 失效，标志为 M，M 为 0 时表示 Cache 失效。

当 Cache 命中时，就将 Cache 存储体中相应单元的数据送往 CPU，这个过程比较简单。当 Cache 失效时，就将主存中相应块中的数据读出写入 Cache 中，这样 Cache 控制器就要产生访问主存储器的地址和主存储器的读信号，由于每块占四个单元，所以需要连续访问四次主存，这就需要一个低地址发生器，即一个 2 位计数器(图 4.2.10 中的 COUNTER 模块)，将低 2 位和 CPU 给出的高 6 位地址组合起来，形成访问主存储器的地址。M 就可以作为主存的读信号，这样，在时钟的控制下，就可以将主存中相应的块写入 Cache 的相应块中，最后再修改区表。

4. 实验步骤

(1)使用 Quartus 软件编辑实现相应的逻辑并进行编译，直到编译通过。Cache 控制器在 10CL006YE1448G 芯片中对应的引脚如图 4.2.11 所示，框外文字表示连接标号，框内文字表示该引脚的含义。

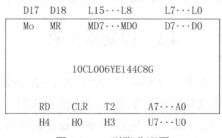

图 4.2.11　引脚分配图

(2)关闭实验系统电源，按图 4.2.12 连接实验电路，并检查无误，图中将用户需要连接的信号用圆圈标明。

(3)打开实验系统电源，将下载电缆插入扩展单元的 E_JTAG 口，把生成的 SOF 文件下载到扩展单元中的 FPGA 中。

(4)将时序与操作台单元的开关 KK+ 置为"运行"挡，CLR 信号由 CON 单元的 CLR 模拟给出，按动 CON 单元的 CLR 按钮，清空区表。

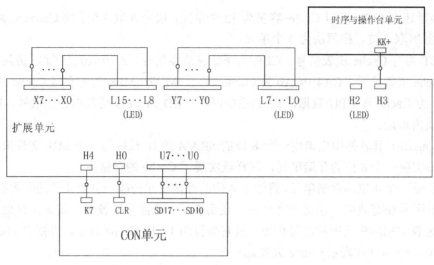

图 4.2.12　实验接线图

(5) 预先往主存写入数据，存储器已经提前装载好了数据文件(RAM.mif)，用户也可以自己改写内容。

(6) CPU 访问主存地址由 CON 单元的 SD17…SD10 模拟给出，如 00000001。CPU 访问主存的读信号由 CON 单元的 K7 模拟给出，置 K7 为低，可以观察到扩展单元上的 H2 指示灯亮，L8…L15 指示灯灭，表示 Cache 失效。此时按动 KK+ 按钮四次，注意 L0…L7 指示灯的变化情况，地址会依次加 1，L0…L7 指示灯上显示的是当前主存数据，按动四次 KK+ 按钮后，H2 指示灯变灭，L8…L15 上显示的值即为 Cache 送往 CPU 的数据。

(7) 重新给出主存访问地址，如 00000011，L8 指示灯变灭，表示 Cache 命中，说明第 0 块数据已写入 Cache。

(8) 给出其他主存访问地址，体会 Cache 控制器的工作过程。

4.3　控制器实验

控制器是计算机的核心部件，计算机的所有硬件都是在控制器的控制下，完成程序规定的操作。控制器的基本功能就是把机器指令转换为按照一定时序控制机器各部件的工作信号，使各部件产生一系列动作，完成指令所规定的任务。本节安排了两个实验：时序发生器设计实验和微程序控制器设计实验。

4.3.1　时序发生器设计实验

1．实验目的

(1) 掌握时序发生器的原理及其设计方法。
(2) 熟悉 FPGA 应用设计及 EDA 软件的使用。

2. 实验设备

PC 一台，TDX-CMX 实验系统一套。

3. 实验原理

计算机的工作是按照时序分步地执行。这就需要能产生周期节拍、脉冲等时序信号的部件，称为时序发生器，如图 4.3.1 所示。

时序部件包括以下几个。

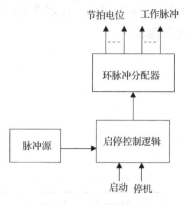

图 4.3.1　时序发生器

(1)脉冲源：又称主振荡器，为计算机提供基准时钟信号。

(2)环形脉冲分配器：对主频脉冲进行分频，产生节拍电位和脉冲信号。时钟脉冲经过脉冲发生器产生时标脉冲、节拍电位及周期状态电位。一个周期状态电位包含多个节拍电位，而一个节拍单位又包含多个时标脉冲。

(3)启停控制逻辑：用来控制主脉冲的启动和停止。

本实验用 VHDL 来实现一个时序发生器，输出如图 4.3.2 所示 T1…T4 四个节拍信号。时序发生器需要一个脉冲源，由时序单元提供，一个总清零 CLR 为低时，T1…T4 输出低。一个停机信号 STOP，当 T4 的下沿到来，且 STOP 为低时，T1…T4 输出低。一个启动信号 START，当 START、T1…T4 都为低，且 STOP 为高时，T1…T4 输出环形脉冲。

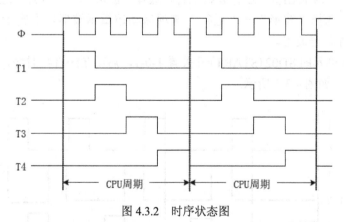

图 4.3.2　时序状态图

可通过 4 位循环移位寄存器来实现 T4…T1，CLR 为总清零信号，STOP 为低时在 T4 脉冲下降沿清零时序，时序发生器启动后，移位寄存器在时钟的上升沿循环左移一位，移位寄存器的输出端即为 T4…T1。

4. 实验步骤

(1)参照上面的实验原理，用 VHDL 来具体设计一个时序发生器。使用 Quartus Ⅱ 软件编辑 VHDL 文件并进行编译，时序发生器在 10CL006YE144C8G 芯片中对应的引脚如图 4.3.3 所示，框外文字表示连接标号，框内文字表示该引脚的含义。

(2)关闭实验系统，按图 4.3.4 连接实验电路，并检查无误，图中将用户需要连接的信号用圆圈标明。

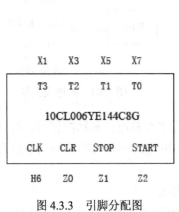

图 4.3.3　引脚分配图

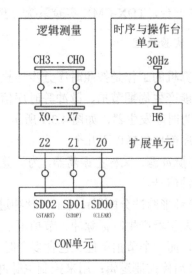

图 4.3.4　实验接线图

(3)打开实验系统电源，将下载电缆插入扩展单元的 E_JTAG 口，把生成的 SOF 文件下载到扩展单元中。

(4)将 CON 单元的 SD02(START)、SD01(STOP)开关置 1，拨动 SD00(CLR)置 0 然后置 1，使 T1…T4 输出低。运行联机软件，选择"波形"→"打开"选项打开逻辑示波器窗口，然后选择"波形"→"运行"选项启动逻辑示波器，逻辑示波器窗口显示 T1…T4 四路时序信号波形。

(5)将 CON 单元的 SD02(START)开关置 1-0-1，启动 T1…T4 时序，示波器窗口显示 T1…T4 波形，如图 4.3.5 所示。

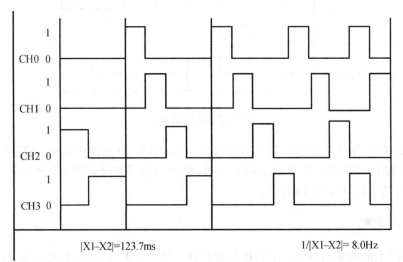

图 4.3.5　时序波形图

(6) 将 CON 单元的 SD01(STOP) 开关置 0, 停止 T1⋯T4 时序, 示波器窗口显示 T1⋯
T4 波形均变为低电平。

4.3.2　微程序控制器设计实验

1. 实验目的

(1) 掌握微程序控制器的组成原理。
(2) 掌握微程序的编制、写入, 观察微程序的运行过程。

2. 实验设备

PC 一台, TDX-CMX 实验系统一套。

3. 实验原理

微程序控制器的基本任务是完成当前指令的翻译和执行, 即将当前指令的功能转换
成可以控制的硬件逻辑部件工作的微命令序列, 完成数据传送和各种处理操作。它的执
行方法就是将控制各部件动作的微命令的集合进行编码, 即将微命令的集合仿照机器指
令, 用数字代码的形式表示, 这种表示称为微指令。这样就可以用一个微指令序列表示
一条机器指令, 这种微指令序列称为微程序。微程序存储在一种专用的存储器中, 称为
控制存储器, 微程序控制器组成原理框图如图 4.3.6 所示。

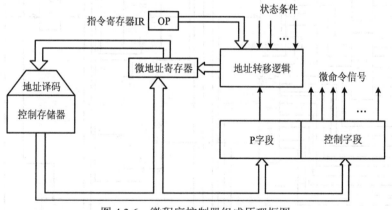

图 4.3.6　微程序控制器组成原理框图

控制器是严格按照系统时序来工作的, 因而时序控制对于控制器的设计是非常重要
的, 从前面的实验可以很清楚地了解时序电路的工作原理, 本实验所用的时序由时序单
元来提供, 分为四拍: TS1、TS2、TS3、TS4。

微程序控制器的组成见图 4.3.7, 其中控制存储器采用 3 片 E²PROM, 具有掉电保护
功能, 微命令寄存器 18 位, 用两片 8D 触发器 (273) 和一片 4D (175) 触发器组成。微地址
寄存器 6 位, 用三片正沿触发的双 D 触发器 (74) 组成, 它们带有清零端和预置端。在不
判别测试的情况下, T2 时刻打入微地址寄存器的内容即为下一条微指令地址。当 T4 时
刻进行测试判别时, 转移逻辑满足条件后输出的负脉冲通过预置端将某一触发器置为 1
状态, 完成地址修改。

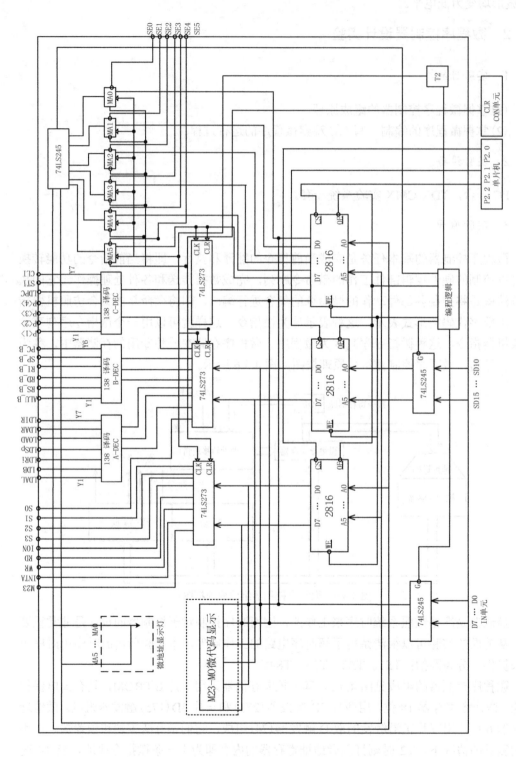

图 4.3.7　微程序控制器原理图

　　在实验平台中设有一组编程控制开关 KK3、KK4、KK5(位于时序与操作台单元)，可实现对存储器(包括存储器和控制存储器)的三种操作：编程、校验、运行。考虑到对于存储器(包括存储器和控制存储器)的操作大多集中在一个地址连续的存储空间中，实验平台提供了便利的手动操作方式。以向 00H 单元中写入 332211 为例，对于控制存储器进行编辑的具体操作步骤如下：首先将 KK1 拨至"停止"挡、KK3 拨至"编程"挡、KK4 拨至"控存"挡、KK5 拨至"置数"挡，由 CON 单元的 SD15~SD10 开关给出需要编辑的控存单元首地址(000000)，IN 单元开关给出该控存单元数据的低 8 位(00010001)，连续两次按动时序与操作台单元的开关 ST(第一次按动后 MC 单元低 8 位显示该单元以前存储的数据，第二次按动后显示当前改动的数据)，此时 MC 单元的指示灯 MA5~MA0 显示当前地址(000000)，M7~M0 显示当前数据(00010001)。然后将 KK5 拨至"加 1"挡，IN 单元开关给出该控存单元数据的中 8 位(00100010)，连续两次按动开关 ST，完成对该控存单元中 8 位数据的修改，此时 MC 单元的指示灯 MA5~MA0 显示当前地址(000000)，M15~M8 显示当前数据(00100010)；再由 IN 单元开关给出该控存单元数据的高 8 位(00110011)，连续两次按动开关 ST，完成对该控存单元高 8 位数据的修改，此时 MC 单元的指示灯 MA5~MA0 显示当前地址(000000)，M23~M16 显示当前数据(00110011)。此时被编辑的控存单元地址会自动加 1(01H)，由 IN 单元开关依次给出该控存单元数据的低 8 位、中 8 位和高 8 位配合每次开关 ST 的两次按动，即可完成对后续单元的编辑。

　　编辑完成后需进行校验，以确保编辑的正确。以校验 00H 单元为例，对于控制存储器进行校验的具体操作步骤如下：首先将 KK1 拨至"停止"挡、KK3 拨至"校验"挡、KK4 拨至"控存"挡、KK5 拨至"置数"挡。由 CON 单元的 SD15~SD10 开关给出需要校验的控存单元地址(000000)，连续两次按动开关 ST，MC 单元指示灯 M7~M0 显示该单元低 8 位数据(00010001)；KK5 拨至"加 1"挡，再连续两次按动开关 ST，MC 单元指示灯 M15~M8 显示该单元中 8 位数据(00100010)；再连续两次按动开关 ST，MC 单元指示灯 M23~M16 显示该单元高 8 位数据(00110011)。再连续两次按动开关 ST，地址加 1，MC 单元指示灯 M7~M0 显示 01H 单元低 8 位数据。若校验的微指令出错，则返回输入操作，修改该单元的数据后再进行校验，直至确认输入的微代码全部准确无误为止，完成对微指令的输入。

　　位于实验平台 MC 单元左上角一列三个指示灯 MC2、MC1、MC0 用来指示当前操作的微程序字段，分别对应 M23~M16、M15~M8、M7~M0。实验平台提供了比较灵活的手动操作方式，如在上述操作中在对地址置数后将开关 KK4 拨至"减 1"挡，则每次随着开关 ST 的两次按动操作，字节数依次从高 8 位到低 8 位递减，减至低 8 位后，再按动两次开关 ST，微地址会自动减一，继续对下一个单元的操作。

　　微指令字长共 24 位，控制位顺序如表 4.3.1 所示，微指令格式中的 A、B、C 字段分别如表 4.3.1、表 4.3.2、表 4.3.4 所示。

表 4.3.1　微指令格式

23	22	21	20	19	18~15	14~12	11~9	8~6	5~0
M23	M22	WR	RD	IOM	S3~S0	A 字段	B 字段	C 字段	MA5~MA0

表 4.3.2　A 字段

14	13	12	选择
0	0	0	NOP
0	0	1	LDA
0	1	0	LDB
0	1	1	LDR0
1	0	0	保留
1	0	1	保留
1	1	0	保留
1	1	1	LDIR

表 4.3.3　B 字段

11	10	9	选择
0	0	0	NOP
0	0	1	ALU_B
0	1	0	RS_B
0	1	1	保留
1	0	0	保留
1	0	1	保留
1	1	0	保留
1	1	0	保留

表 4.3.4　C 字段

8	7	6	选择
0	0	0	NOP
0	0	1	P<1>
0	1	0	保留
0	1	1	保留
1	0	0	保留
1	0	1	保留
1	1	1	保留
1	1	0	保留

　　其中 MA5~MA0 为 6 位的后续微地址，A、B、C 为三个译码字段，分别由三个控制位译码出多位。C 字段中的 P<1>为测试字位。其功能是根据机器指令及相应微代码进行译码，使微程序转入相应的微地址入口，从而完成对指令的识别，并实现微程序的分支。

　　本实验安排了四条机器指令，分别为 ADD（0000 0000）、IN（0010 0000）、OUT（0011 0000）和 HLT（0101 0000），括号中为各指令的二进制代码，指令格式如下：

```
//助记符机器指令码说明
IN    0010 0000    IN->R0
ADD   0000 0000    R0 + R0->R0
OUT   0011 0000    R0->OUT
HLT   0101 0000    停机
```

　　实验中机器指令由 CON 单元的二进制开关手动给出，其余单元的控制信号均由微程序控制器自动产生，为此可以设计出相应的数据通路图，如图 4.3.8 所示。

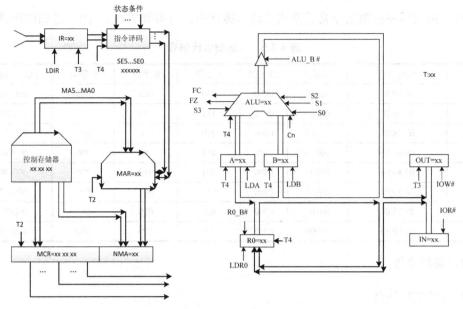

图 4.3.8　数据通路图

几条机器指令对应的参考微程序流程图如图 4.3.9 所示。图中一个矩形方框表示一条微指令,方框中的内容为该指令执行的微操作,右上角的数字是该条指令的微地址,右下角的数字是该条指令的后续微地址,所有微地址均用 16 进制表示。向下的箭头指出了下一条要执行的指令。P<1>为测试字,根据条件使微程序产生分支。

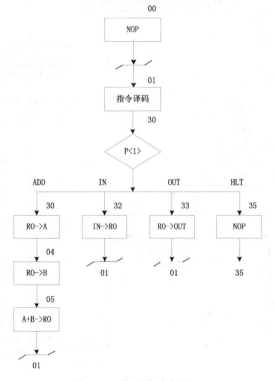

图 4.3.9　微程序流程图

将全部微程序按微指令格式变成二进制微代码，可得到表 4.3.5 的二进制微代码表。

表 4.3.5　二进制微代码表

地址	十六进制表示	高五位	S3~S0	A 字段	B 字段	C 字段	MA5~MA0
00	00 00 01	00000	0000	000	000	000	000001
01	00 70 70	00000	0000	111	000	001	110000
04	00 24 05	00000	0000	010	010	000	000101
05	04 B2 01	00000	1001	011	001	000	000001
30	00 14 04	00000	0000	001	010	000	000100
32	18 30 01	00011	0000	011	000	000	000001
33	28 04 01	00101	0000	000	010	000	000001
35	00 00 35	00000	0000	000	000	000	110101

4. 实验步骤

1）连接实验线路

JP1 用短路块将 1、2 短接，按图 4.3.10 所示连接实验线路，仔细查线无误后接通电源。如果有"嘀"报警声，说明总线有竞争现象，应关闭电源，检查接线，直到错误排除。

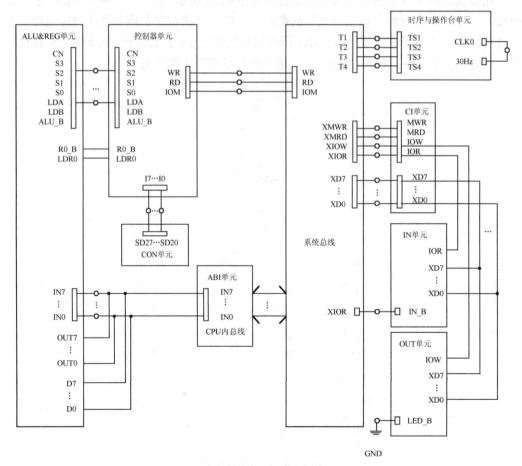

图 4.3.10　实验接线图

2)对微控器进行读写操作

对微控器进行读写操作分两种情况：手动读写和联机读写。

(1)手动读写。

①手动对微控器进行编程(写)。

a. 将时序与操作台单元的开关 KK1 置为"停止"挡，KK3 置为"编程"挡，KK4 置为"控存"挡，KK5 置为"置数"挡。

b. 使用 CON 单元的 SD15~SD10 给出微地址，IN 单元给出低 8 位应写入的数据，连续两次按动时序与操作台的开关 ST，将 IN 单元的数据写到该单元的低 8 位。

c. 将时序与操作台单元的开关 KK5 置为"加 1"挡。

d. IN 单元给出中 8 位应写入的数据，连续两次按动时序与操作台的开关 ST，将 IN 单元的数据写到该单元的中 8 位。IN 单元给出高 8 位应写入的数据，连续两次按动时序与操作台的开关 ST，将 IN 单元的数据写到该单元的高 8 位。

e. 重复上面四步，将表 4.3.5 的微代码写入 E²PROM 芯片中。

②手动对微控器进行校验(读)。

a. 将时序与操作台单元的开关 KK 置为"停止"挡，KK3 置为"校验"挡，KK 置为"控存"挡，KK5 置为"置数"挡。

b. 使用 CON 单元的 SD15~SD10 给出微地址，连续两次按动时序与操作台的开关 ST，MC 单元的数据指示灯 M7~M0 显示该单元的低 8 位。

c. 将时序与操作台单元的开关 KK5 置为"加 1"挡。

d. 连续两次按动时序与操作台的开关 ST，MC 单元的指数据指示灯 M15~M8 显示该单元的中 8 位，MC 单元的指数据指示灯 M23~M16 显示该单元的高 8 位。

e. 重复上面四步，完成对微代码的校验。如果校验出微代码写入错误，则重新写入、校验，直至确认微指令的输入无误为止。

(2)联机读写。

①将微程序写入文件。联机软件提供了微程序下载功能，以代替手动读写微控器，但微程序得以指定的格式写入以 txt 为后缀的文件中，微程序的格式如图 4.3.11 所示。

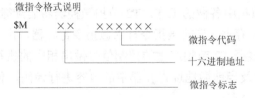

图 4.3.11 微程序的格式

如$M 1F 112233，表示微指令的地址为 1FH，微指令值为 11H(高)、22H(中)、33H(低)，本次实验的微程序如下，其中分号"；"为注释符，分号后面的内容在下载时将被忽略掉。

```
; //******************************** //
; // //
; // 微控器实验指令文件 //
; // //
```

```
; //***************************************** //
; //***** Start OfMicroController Data ***** //
$M 00 000001 ; NOP
$M 01 007070 ; CON(INS)→IR, P<1>
$M 04 002405 ; R0→B
$M 05 04B201 ; A 加 B→R0
$M 30 001404 ; R0→A
$M 32 183001 ; IN→R0
$M 33 280401 ; R0→OUT
$M 35 000035 ; NOP
; //***** End OfMicroController Data ***** //
```

②写入微程序。用联机软件的"转储"→"装载"功能将该格式(*.txt)文件装载入实验系统。装入过程中，在软件的输出区的"结果"栏会显示装载信息，如当前正在装载的是机器指令还是微指令、还剩多少条指令等。

③校验微程序。选择联机软件的"转储"→"刷新指令区"选项可以读出下位机所有的机器指令和微指令，并在指令区显示。检查微控器相应地址单元的数据是否和表 4.3.5 中的十六进制数据相同，如果不同，则说明写入操作失败，应重新写入，可以通过联机软件单独修改某个单元的微指令，先单击指令区的"微存"按钮，然后单击需修改单元的数据，此时该单元变为编辑框，输入 6 位数据并回车，编辑框消失，并以红色显示写入的数据。

3) 运行微程序

运行时也分两种情况：本机运行和联机运行。

(1) 本机运行。

①将时序与操作台单元的开关 KK1、KK3 置为"运行"挡，按动 CON 单元的 CLR 按钮，将微地址寄存器(MAR)清零，同时也将指令寄存器(IR)、ALU 单元的暂存器 A 和暂存器 B 清零。

②将时序与操作台单元的开关 KK2 置为"单拍"挡，然后按动 ST 按钮，体会系统在 T1、T2、T3、T4 节拍中各做的工作。T2 节拍微控器将后续微地址(下条执行的微指令的地址)打入微地址寄存器，当前微指令打入微指令寄存器，并产生执行部件相应的控制信号；T3、T4 节拍根据 T2 节拍产生的控制信号做出相应的执行动作，如果测试位有效，还要根据机器指令及当前微地址寄存器中的内容进行译码，使微程序转入相应的微地址入口，实现微程序分支。

③按动 CON 单元的 CLR 按钮，清除微地址寄存器(MAR)等，并将时序与单元的开关 KK2 置为"单步"挡。

④置 IN 单元数据为 00100011，按动 ST 按钮，当 MC 单元后续微地址显示为 000001 时，在 CO 单元的 SD27…SD20 模拟给出 IN 指令 00100000 并继续单步执行，当 MC 单元后续微地址显示为 000001 时，说明当前指令已执行完；在 CON 单元的 SD27…SD20 给出 ADD 指令 00000000，该指令将会在下个 T3 被打入指令寄存器(IR)，它将 R0 中的数据和其自身相加后送到 R0；接下来在 CON 单元的 SD27…SD20 给出 OUT 指令

00110000 并继续单步执行，在 MC 单元后续微地址显示为 000001 时，观察 OUT 单元的显示值是否为 01000110。

(2)联机运行。联机运行时，进入软件界面，在菜单上选择"实验"→"微控器实验"选项，打开本实验的数据通路图，也可以通过工具栏上的下拉框打开数据通路图，数据通路图如图 4.3.8 所示。

将时序与操作台单元的开关 KK1、KK3 置为"运行"挡，按动 CON 单元的总清开关后，按动软件中单节拍按钮，当后续微地址(通路图中的 MAR)为 000001 时，置 CON 单元 SD27…SD20，产生相应的机器指令，该指令将会在下个 T3 被打入指令寄存器(IR)，在后面的节拍中将执行这条机器指令。仔细观察每条机器指令的执行过程，体会后续微地址被强置转换的过程，这是计算机识别和执行指令的根基。也可以打开微程序流程图，跟踪显示每条机器指令的执行过程。

按本机运行的顺序给出数据和指令，观察最后的运算结果是否正确。

4.4 接 口 实 验

总线是计算机中连接各个功能部件的纽带，是计算机各部件之间进行信息传输的公共通路。总线不只是一组简单的信号传输线，它还是一组协议。分时与共享是总线的两大特征。所谓共享，在总线上可以挂接多个部件，它们都可以使用这一信息通路来和其他部件传送信息。所谓分时，同一总线在同一时刻，只能有一个部件占领总线发送信息，其他部件要发送信息需在该部件发送完释放总线后才能申请使用。总线结构是决定计算机性能、功能、可扩展性和标准化程度的重要因素。

本节安排了三个实验：基本输入/输出功能的总线接口实验、中断控制功能的总线接口实验和典型 I/O 接口 8253 扩展设计实验。

4.4.1 基本输入/输出功能的总线接口实验

1. 实验目的

(1)理解总线的概念及其特性。
(2)掌握控制总线的功能和应用。

2. 实验设备

PC 一台，TDX-CMA 实验系统一套。

3. 实验原理

由于存储器和输入、输出设备最终要挂接到外部总线上，所以需要外部总线提供数据信号、地址信号以及控制信号。在该实验平台中，外部总线分为数据总线、地址总线和控制总线，分别为外设提供上述信号。外部总线和 CPU 内总线之间通过三态门连接，同时实现了内外总线的分离和对数据流向的控制。地址总线可以为外部设备提供地址信号和片选信号。由地址总线的高位进行译码，系统的 I/O 地址译码原理如

图 4.4.1(在地址总线单元)所示。由于使用 A6、A7 进行译码，I/O 地址空间被分为四个区，如表 4.4.1 所示。

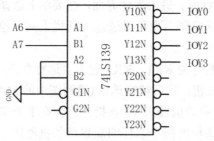

图 4.4.1　I/O 地址译码原理图

表 4.4.1　I/O 地址空间分配

A7 A6	选定	地址空间
00	IOY0	00～3F
01	IOY1	40～7F
10	IOY2	80～BF
11	IOY3	C0～FF

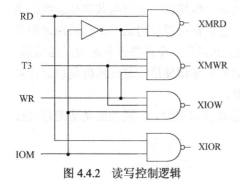

图 4.4.2　读写控制逻辑

为了实现对 MEM 和外设的读写操作，还需要一个读写控制逻辑，使 CPU 能控制 MEM 和 I/O 设备的读写，实验中的读写控制逻辑如图 4.4.2 所示，由于 T3 的参与，可以保证写脉宽与 T3 一致，T3 由时序单元的 TS3 给出。IOM 用来选择是对 I/O 设备还是对 MEM 进行读写操作，IOM=1 时对 I/O 设备进行读写操作，IOM=0 时对 MEM 进行读写操作。RD=1 时为读，WR=1 时为写。

在理解读写控制逻辑的基础上我们设计了一个总线传输的实验。所用的总线传输实验框图如图 4.4.3 所示，它将几种不同的设备挂至总线上，有存储器、输入设备、输出设备、寄存器。这些设备都需要由三态输出控制，按照传输要求恰当有序地控制它们，就可实现总线信息传输。

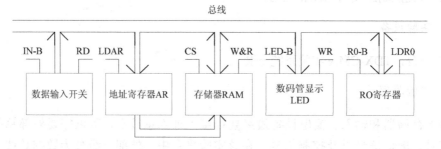

图 4.4.3　总线传输实验框图

4．实验步骤

1）读写控制逻辑设计实验

（1）按照图 4.4.4 所示的实验接线图进行连线。

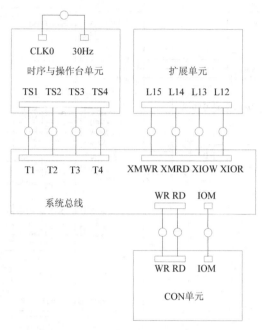

图 4.4.4　读写控制逻辑实验接线图

（2）具体操作步骤如下：首先将时序与操作台单元的开关 KK1、KK3 置为"运行"挡，开关 KK2 置为"单拍"挡，按动 CON 单元的总清按钮 CLR，并执行下述操作。

①对 MEM 进行读操作（WR=0，RD=1，IOM=0），此时 E0 灭，表示存储器读功能信号有效。

②对 MEM 进行写操作（WR=1，RD=0，IOM=0），连续按动开关 ST，观察扩展单元数据指示灯，指示灯显示为 T3 时刻时，E1 灭，表示存储器写功能信号有效。

③对 I/O 进行读操作（WR=0，RD=1，IOM=1），此时 E2 灭，表示 I/O 读功能信号有效。

④对 I/O 进行写操作（WR=1，RD=0，IOM=1），连续按动开关 ST，观察扩展单元数据指示灯，指示灯显示为 T3 时刻时，E3 灭，表示 I/O 写功能信号有效。

2）基本输入/输出功能的总线接口实验。

（1）根据挂在总线上的几个基本部件，设计一个简单的流程。

①输入设备将一个数打入 R0 寄存器。

②输入设备将另一个数输入到地址寄存器。

③将 R0 寄存器中的数写入当前地址的存储器中。

④将当前地址的存储器中的数用 LED 数码管显示。

（2）按照图 4.4.5 的实验接线图进行连线。

（3）具体操作步骤如下。进入软件界面，执行菜单命令"实验"→"简单模型机"，打开简单模型机实验数据通路图。将时序与操作台单元的开关 KK1、KK3 置为"运行"

挡，开关 KK2 置为"单拍"挡，CON 单元所有开关置 0（由于总线有总线竞争报警功能，在操作中应当先关闭应关闭的输出开关，再打开应打开的输出开关，否则可能由于总线竞争导致实验出错），按动 CON 单元的总清按钮 CLR，然后通过运行程序，在数据通路图中观测程序的执行过程。

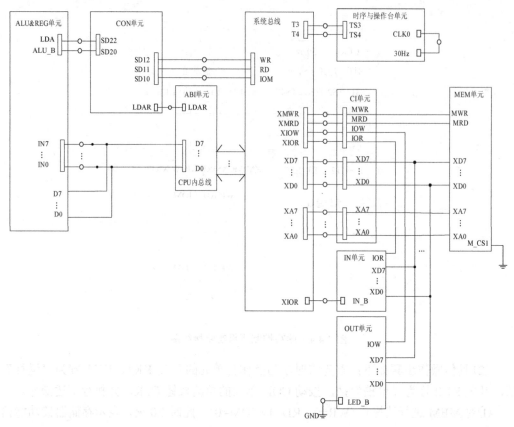

图 4.4.5　实验接线图

①输入设备将 11H 打入 R0 寄存器。将 ALU_B 置为 1，关闭 A 暂存器的输出；WR、RD、IOM 分别置为 0、1、1，对 IN 单元进行读操作；IN 单元置 00010001，LDA 置为 1，打开 A 暂存器的输入；LDAR 置为 0，不将数据总线的数打入地址寄存器。连续四次单击图形界面上的"单节拍运行"按钮（运行一个机器周期）。

②将 A 中的数据 11H 打入存储器 01H 单元。将 ALU_B 置为 1，关闭 A 暂存器的输出；WR、RD、IOM 分别置为 0、1、1，对 IN 单元进行读操作；LDA 置为 0，打开 A 暂存器的输入；IN 单元置 00000001（或其他数值）。LDAR 置为 1，将数据总线的数打入地址寄存器。连续四次单击图形界面上的"单节拍运行"按钮，观察图形界面，在 T3 时刻完成对地址寄存器的写入操作。

将 LDAR 置为 0，不将数据总线的数打入地址寄存器；LDA 置为 0，关闭 A 暂存器的输入；WR、RD、IOM 分别置为 1、0、0，对存储器进行写操作；ALU_B 置为 0，打开 A 暂存器的输出。连续四次单击图形界面上的"单节拍运行"按钮，观察图形界面，在 T3 时刻完成对存储器的写入操作。

③将当前地址的存储器中的数写入 A 暂存器中。将 ALU_B 置为 1，关闭 A 暂存器的输出；WR、RD、IOM 分别置为 0、1、1，对 IN 单元进行读操作；LDA 置为 0，关闭 A 暂存器的输入；IN 单元置 00000001（或其他数值）。LDAR 置为 1，将数据总线的数打入地址寄存器。连续四次单击图形界面上的"单节拍运行"按钮，观察图形界面，在 T3 时刻完成对地址寄存器的写入操作。

ALU_B 置为 1，关闭 A 暂存器的输出；将 LDA 置为 0，不将数据总线的数打入地址寄存器；WR、RD、IOM 分别置为 0、1、0，对存储器进行读操作；LDAR 置为 1，打开 A 暂存器的输入。连续四次单击图形界面上的"单节拍运行"按钮，观察图形界面，在 T4 时刻完成对 A 寄存器的写入操作。

④将 A 暂存器中的数用 LED 数码管显示。先将 LDA 置为 0，关闭 A 暂存器的输入；LDAR 置为 0，不将数据总线的数打入地址寄存器；WR、RD、IOM 分别置为 1、0、1，对 OUT 单元进行写操作；LDA 置为 0，关闭 A 暂存器的输入；IN 单元置 00000001（或其他数值）。LDAR 置为 1，再将 ALU_B 置为 0，打开 A 暂存器的输出。连续四次单击图形界面上的"单节拍运行"按钮，观察图形界面，在 T3 时刻完成对 OUT 单元的写入操作。操作如图 4.4.6 所示。

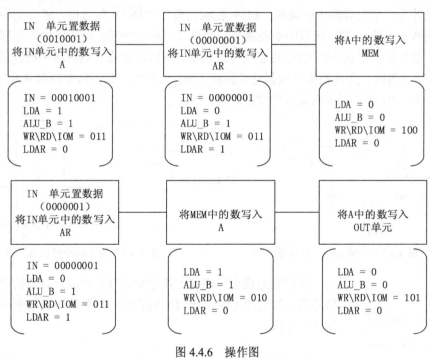

图 4.4.6　操作图

4.4.2　中断控制功能的总线接口实验

1. 实验目的

(1)掌握中断控制信号线的功能和应用。

(2)掌握在系统总线上设计中断控制信号线的方法。

2. 实验设备

PC 一台，TDX-CMX 实验系统一套。

3. 实验原理

为了实现中断控制，CPU 必须有一个中断使能寄存器，并且可以通过指令对该寄存器进行操作。设计下述的中断使能寄存器，其原理如图 4.4.7 所示。其中 EI 为中断允许信号，CPU 开中断指令 STI 对其置 1，而 CPU 关中断指令 CLI 对其置 0。每条指令执行完时，若 CPU 允许中断(E1 有效)，则 EI 再和外部给出的中断请求信号一起参与指令译码，使程序进入中断处理流程。

本实验要求设计的系统总线具备类 x86 的中断功能，当外部中断请求有效、CPU 允许响应中断，在当前指令执行完时，CPU 将响应中断。当 CPU 响应中断时，将会向 8259 发送两个连续的 $\overline{\text{INTA}}$ 信号，请注意，8259 在接收到第一个 $\overline{\text{INTA}}$ 信号后锁住向 CPU 的中断请求信号 INTA (高电平有效)，并且在第二个 $\overline{\text{INTA}}$ 信号到达后将其变为低电平(自动 EOI 方式)，所以，中断请求信号 IRO 应该维持一段时间，直到 CPU 发送出第一个 $\overline{\text{INTA}}$ 信号，这才是一个有效的中断请求。8259 在收到第二个 $\overline{\text{INTA}}$ 信号后，就会将中断向量号发送到数据总线，CPU 读取中断向量号，并转入相应的中断处理程序中。在读取中断向量时，需要从数据总线向 CPU 内总线传送数据。所以需要设计数据缓冲控制逻辑，在 $\overline{\text{INTA}}$ 信号有效时，允许数据从数据总线流向 CPU 内总线。其原理图如图 4.4.8 所示。其中 RD 为 CPU 从外部读取数据的控制信号。

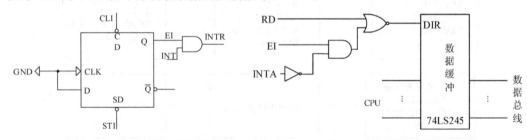

图 4.4.7　中断使能寄存器原理图　　　　图 4.4.8　数据缓冲控制原理图

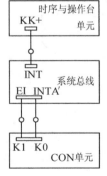

图 4.4.9　实验接线图

在控制总线部分表现为终端标志 EI 有效，外部的中断请求信号能够发送给 CPU；当 EI 无效时，外部的中断请求信号不能发送给 CPU。

4. 实验步骤

(1)按照图 4.4.9 的实验接线图进行连线。

(2)具体操作步骤如下。

①对总线进行置中断操作(K1=1，K0=1)，观察控制总线部分的中断允许指示灯 EI，此时 EI 亮，表示允许响应外部中断。按动时序与操作台单元的开关 KK+，观察控制总线单元的指示灯 INTA′，发现当开关 KK+按下时 INTA′变亮，表示总线将外部的

中断请求送到 CPU。

②对总线进行清中断操作(K1=0，K0=1)，观察控制总线部分的中断允许指示灯 EI，此时 EI 灭，表示禁止响应外部中断。按动时序与操作台单元的开关 KK+，观察控制总线单元的指示灯 INTA′，发现当开关 KK+按下时 INTA′不变，仍然为灭，表示总线锁死了外部的中断请求。

③对总线进行置中断操作(K1=0)，当 CPU 给出的中断应答信号 INTA′(K0=0)有效时，观察 ABI 单元的 DIR 信号灯，显示为高，表示 CPU 允许外部送中断向量号。

4.4.3　典型 I/O 接口 8253 扩展设计实验

1. 实验目的

(1)掌握 CPU 外扩芯片的方法。

(2)掌握 8253 定时器/计数器原理及应用编程。

2. 实验设备

PC 一台，TDX-CMA 实验系统一套。

3. 实验原理

1)8253 芯片引脚说明

(1)8253 的引脚分配图如图 4.4.10 所示。

(2)芯片引脚说明。D7～D0 为数据线；$\overline{CS}$ 为片选信号，低电平有效；A0、A1 用来选择三个计数器及控制寄存器；$\overline{RD}$ 为读信号，低电平有效，它控制 8253 送出数据或状态信息至 CPU；$\overline{WR}$ 为写信号，低电平有效，它控制把CPU输出的数据或命令信号写到8253；CLKn、GATEn、OUTn 分别为三个计数器的时钟、门控信号及输出端。$\overline{CS}$、A0、A1、$\overline{RD}$、$\overline{WR}$ 五个引脚的电平与 8253 的操作关系如表 4.4.2 所示。

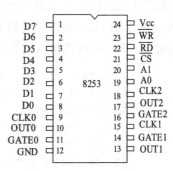

图 4.4.10　8253 芯片引脚说明

表 4.4.2　引脚电平与 8253 芯片的操作关系

$\overline{CS}$	$\overline{RD}$	$\overline{WR}$	A1	A0	寄存器选择和操作
0	1	0	0	0	写入寄存器#0
0	1	0	0	1	写入寄存器#1
0	1	0	1	0	写入寄存器#2
0	1	0	1	1	写入控制寄存器
0	0	1	0	0	读计数器#0
0	0	1	0	1	读计数器#1
0	0	1	1	0	读计数器#2
0	0	1	1	1	无操作(3 态)
1	×	×	×	×	禁止(3 态)
0	0	1	×	×	无操作(3 态)

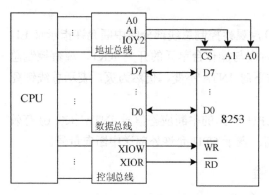

图 4.4.11　8253 和 CPU 挂接图

2) 8253 芯片外部连接

对于 CPU 外扩接口芯片，其重点是要设计接口芯片数据线、地址线和控制线与 CPU 的挂接，图 4.4.11 是 8253 接口芯片的典型扩展算法。这里的模型计算机可以直接应用前面的复杂模型机，其 I/O 地址空间分配情况如表 4.4.3 所示。

表 4.4.3　I/O 地址空间分配

A7 A6	选定	地址空间
00	IOY0	00～3F
01	IOY1	40～7F
10	IOY2	80～BF
11	IOY3	C0～FF

我们可以应用复杂模型机指令系统的 IN、OUT 指令来对外扩的 8253 芯片进行操作。实验箱上 8253 的 GATE0 已接为高电平，其余都以排针形式引出。应用复杂模型机的指令系统，实现以下功能：对 8253 进行初始化，使其以 IN 单元数据 N 为技术初值，在 OUT 端输出方波，8253 的输入时钟为系统总线上的 XCLK。根据实验要求编写机器程序如下：

```
; //Start of Main Memory Data//
$P  00  21  ; IN  R1, 00H        IN->R1
$P  01  00
$P  02  C0  ; LAD R0, 30H        30 单元数据送 R0 (直接寻址)
$P  03  30
$P  04  30  ; OUT 83H, R0        R0 送 83H 端口 (写控制字)
$P  05  83
$P  06  34  ; OUT 83H, R1        R1 送 80H 端口 (写 0#通道低字节控制字)
$P  07  80
$P  08  50  ; HIT               停机
$P  30  16  ;                    控制字
; //End of Main Memory Data//
```

4. 实验步骤

(1) JP1、JP2 短路块均将 1、2 短接，在复杂模型机实验接线图的基础上，再增加本实验 8253 部分的接线。按照图 4.4.12 进行接线。

(2) 本实验只用了计数器#0 通道，将它设置成方波速率发生器 (方式 3)，CLK0 接至系统总线的 XCLK 上；GATE0-1 (表示接高电平)，计数允许。OUTO 即为方波输出端。

其中，30H 单元存放的数 16H 为 8253 的控制字，它的功能为选择计数器 0，只读/写最低的有效字节，选择方式 3，采用二进制。IN 单元的开关置的数 N 为计数值，即输出是 N 个 CLK 脉冲的方波。

(3) 微程序沿用复杂模型机的微代码程序，选择联机软件的"转储"→"装载"功能，在打开文件对话框中选择"典型 10 接口 8253 扩展设计实验.txt"，软件自动将机器程序和微程序写入指定单元。

(4) 运行上述程序，分两种情况:本机方式或联机方式，本机方式运行程序时，要借助示波器来观测 8253 的输入和输出波形。而在联机方式时，可用联机操作软件的示波器功能测 8253 的 OUT0 端和系统总线的 XCLK 波形。进入软件界面，执行菜单命令"实验"→"CISC 实验"，打开相应的数据通路图，选择相应的功能命令，即可联机运行、调试程序。当机器指令执行到 HLT 指令时，停止运行程序，再执行菜单命令"波形"→"打开"，打开示波器窗口，执行菜单命令"波形"→"运行"，启动逻辑示波器，就可观测到 OUT0 端和系统总线的 XCLK 端的波形。将开关置为不同的计数值，按下 CON 单元的 CLR，再运行机器指令后，可观察到 OUT0 端输出波形的频率变化。

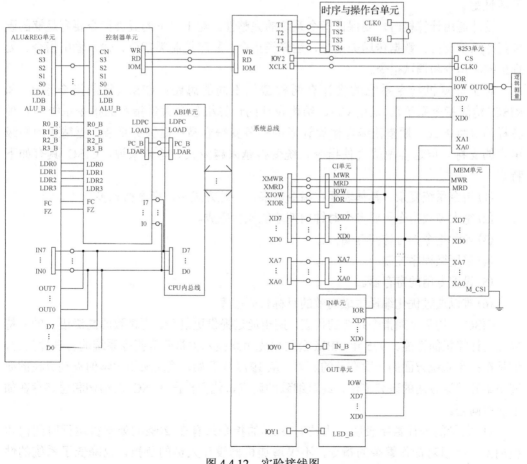

图 4.4.12　实验接线图

4.5　指令系统实验

1. 指令系统

指令系统是计算机系统的主要组成部分之一，是计算机系统设计中软件设计与硬件设计的一个主要分界面，也是两者之间沟通的桥梁。与软件设计主要考虑如何采用指令系统来实现既定的功能不同，硬件设计主要针对如何实现指令系统来进行。

2. 计算机系统的指令系统

如果把计算机系统所要实现的功能分成一些基本的功能，那么在这些基本的功能中只有很少的一部分必须由硬件指令系统来实现。绝大多数功能既可以用硬件指令系统实现，也可以用软件的一段子程序来实现。对于指令系统的设计者而言，决定一个功能该如何实现时，要考虑到三个因素：速度、价格和灵活性。用硬件指令系统实现，速度快、价格高、灵活性差；用软件指令系统实现，速度慢、价格低、灵活性好。

设计通用计算机时，要保证指令系统的完整性。对于以下的五类指令要有足够的硬件指令系统支持：数据传送类指令、运算类指令、程序控制类指令、输入输出指令、处理机控制指令和调试指令。

对于计算机指令系统的设计有两种截然不同的思路：CISC（复杂指令系统）和RISC（精简指令系统）。采用 CISC 结构设计的计算机包含大量指令的指令系统和各种各样的寻址方式，期望使编译器设计者的任务变得容易；提供更复杂、更精致的高级语言的支持。但这样做就会使指令系统变得越来越庞大。总体来说，CISC 具有如下特点。

(1)指令系统复杂。具体表现在指令数多、寻址方式多、指令格式多。

(2)绝大多数指令需要多个时钟周期才能执行完成。

(3)各种指令都可访问存储器。

(4)采用微程序控制。

(5)设置专用的寄存器。

(6)难以通过优化编译生成高效的目标代码程序。

CISC 结构是早期指令系统的代表，期望通过提供更复杂、更精致的高级语言的支持来提高计算机的性能。1975 年，IBM 公司率先组织技术力量研究指令系统的合理性问题，这是在指令系统方面的一次有益的探索。从 1979 年开始，美国加州大学伯克利分校的研究小组开展这方面的研究工作，经过细致的研究，他们指出 CISC 的结构和思路存在如下一些问题。

(1)大量的统计数字表明，大约有 80%的指令只有在 20%的处理机运行时间内才被用到。所以对操作繁杂的指令，不仅增加机器设计人员的负担，也降低了系统的性能价格比。

(2)超大规模集成电路(VLSI)技术飞速发展，VLSI 工艺要求规整性，而 CISC 处理机中，为了实现大量的复杂指令，控制逻辑极不规整，给 VLSI 工艺造成很大的困难。

(3)由于许多指令操作繁杂，执行速度很低，甚至比用几条简单的指令来组合实现还要慢。而且由于庞大的指令系统，难以优化编译生成真正高效率的机器语言程序，也使编译程序本身太长、太复杂。

针对 CISC 结构存在的这些问题，人们提出了 RISC 的思想。

(1)确定指令系统时，选取使用频率最高的一些简单指令，以及很有用但不复杂的指令。

(2)指令长度固定，指令格式简单而统一，限制在 1～2 种。大大减少指令系统的寻址方式，寻址方式简单，一般不超过两种。

(3)大部分指令在一个机器周期内完成。

(4)只有取(LOAD)、存(STORE)指令可以访问存储器，其他指令的操作一律在寄存器间进行，大大增加了寄存器的数量。

(5)以硬布线控制为主，很少或不用微程序控制。

(6)特别重视编译优化工作，支持高级语言的实现。

进入 20 世纪 80 年代以来，VLSI 技术的迅速发展对于指令系统的发展产生了深远的影响。

CISC 由于指令不规整，不利于大规模的集成，而 RISC 由于规整的指令结构、简单的控制逻辑和大量相同的通用寄存器适合 VLSI 的实现，逐渐成为主流的现代计算机指令系统。

目前在 RISC 处理机中采用如下几种技术。

(1)延迟转移技术。在 RISC 处理机中，指令一般采用流水线方式工作，取指令和执行指令并行进行。如果取指令和执行指令各需要一个周期，那么，在正常情况下，每个周期就能执行完一条指令。然而，在遇到转移指令时，流水就有可能断流。由于转移的目的地址要在指令执行完后才能产生，这时下一条指令已经取出来了，因此，必须把取出来的指令作废，并按照转移地址重新取出正确指令。为解决上述问题，可以使编译器自动调整指令序列，在转移指令后插入一条有效的指令，而转移指令好像被延迟执行了，这种技术称为延迟转移技术。

然而必须注意，调整指令序列时一定不能改变原程序的数据相关关系，如果找不到合适的指令调整程序中的指令序列，编译程序可以在转移指令后插入一条空操作指令。

(2)在处理器中设置数量较大的寄存器组，并采用重叠寄存器窗口技术。

由于在 RISC 程序中有很多的 CALL 和 RETURN 指令。在执行 CALL 指令时，必须保存现场，另外，还要把执行子程序的参数从主程序中传送出去。在执行 RETURN 指令时，要把保存的结果传送回主程序。为了尽量减少访问存储器，在 RISC 处理器中采用重叠寄存器窗口技术。

(3)硬布线实现为主微程序固件实现为辅。

主要采用硬布线逻辑来实现指令系统，对于那些必需的少量的复杂指令，可以采用微程序实现。微程序便于实现复杂指令，便于修改指令系统，增加了机器的灵活性和适应性，但执行速度低。

(4)强调优化编译系统设计。编译器必须努力优化寄存器的分配和使用,提高寄存器的使用效率,减少访问存储器的次数。为了使 RISC 处理机中的流水线高效率地工作,尽量不断流,编译器还必须分析程序的数据流和控制流,当发现有可能断流时,要调整指令序列。对于有些可以通过变量重新命名来消除数据相关的数据流和控制流,要尽量消除。这样,可以提高流水线的执行效率,缩短程序的执行时间。

然而,相比于 CISC,RISC 在解决了 CISC 的问题的同时,引入了一些新的问题:指令的优化编译变得困难,在考虑功能实现的同时要考虑各种相关问题,要设计复杂的子程序库等。所以现代计算机的指令系统以性价比为基准,并不拘泥于单一的指令系统。现代计算机处理器的设计主要遵循下述的基本思想。

(1)所有指令由硬件直接执行(而不再由微指令解释的方式执行)。

(2)最大限度地提高指令启动速度。

(3)指令应易于译码。

(4)只允许少数指令访问内存(从内存中读取指令是执行速度的瓶颈)。

(5)提供了足够多的寄存器(寄存器的存取速度远远大于存储器)。

4.5.1　基于 CISC 指令系统的模型机设计实验

1. 实验目的

(1)了解 RISC 和 CISC 的体系结构特点和区别。

(2)掌握 CISC 处理器的指令系统特征和一般设计原则。

2. 实验设备

PC 一台,TDX-CMX 实验系统一套。

3. 实验原理

1)指令系统设计

采用 CISC 思想,本模型机设计了包括运算、控制转移、数据传送共三大类十五条指令。其中,运算指令包含算术运算、逻辑运算和移位运算,涉及有 6 条指令,分别有 ADD、AND、INC、SUB、OR、RR,所有运算类指令为单字节指令,寻址方式采用寄存器直接寻址;控制转移指令有 HLT、JMP、BZC,用以控制程序的分支和转移,其中 HLT 为单指令字节,JMP 和 BZC 为双字节指令;数据传送类指令有 IN、OUT、MOV、LDI、LAD、STA 共 6 条,用以完成寄存器和寄存器、寄存器和 I/O、寄存器和存储器之间的数据交换,除 MOV 指令为单字节指令外,其余均为双字节指令。模型机的指令格式可定义如下。

(1)所有单字节指令(ADD、AND、INC、SUB、OR、RR、HLT、MOV)的指令格式,其指令格式如表 4.5.1 所示。

表 4.5.1　单字节指令格式

7 6 5 4	3 2	1 0
OP-CODE	RS	RD

其中，OP-CODE 为操作码，RS 为源寄存器，RD 为目的寄存器，并有规定如表 4.5.2 所示。

表 4.5.2 寄存器现象

RS 或 RD	选定的寄存器
00	R0
01	R1
10	R2
11	R3

(2)IN 和 OUT 的指令格式如表 4.5.3 所示。

表 4.5.3 IN 和 OUT 的指令格式

7 6 5 4(1)	3 2(1)	1 0(1)	7—0(2)
OP-CODE	RS	RD	P

其中，括号中的 1 表示指令的第一字节，2 表示指令的第二字节，OP-CODE 为操作码，RS 为源寄存器，RD 为目的寄存器，P 为 I/O 端口号，占用一字节。

(3)LDI 的指令格式如表 4.5.4 所示。

表 4.5.4 LDI 指令格式

7 6 5 4(1)	3 2(1)	1 0(1)	7— 0(1)
OP-CODE	RS	RD	data

其中，OP-CODE 为操作码，RS 为源寄存器，RD 为目的寄存器，data 为立即数。

(4)LAD、STA、JMP 和 BZC 的指令格式如表 4.5.5 所示。

表 4.5.5 LAD、STA、JMP 和 BZC 的指令格式

7 6 5 4(1)	3 2(1)	1 0(1)	7— 0(1)
OP-CODE	M	RD	D

其中，OP-CODE 为操作码，D 为操作数，RD 为寄存器，M 为寻址模式。具体见表 4.5.6(以 R2 作为变址寄存器 RI)。

表 4.5.6 寻址方式

寻址模式	有效地址 E	说明
00	E=D	直接寻址
01	E=(D)	间接寻址
10	E=(RI)+D	RI 寻址
11	E=(PC)+D	相对寻址

由此可知，指令系统设计了五种数据寻址方式，即立即、直接、间接、变址和相对寻址，LDI 指令为立即寻址，LAD、STA、IMP 和 BZC 指令均具备直接、间接、变址和相对寻址能力。另外，本模型机也规定一律采用定点补码表示法表示数据，字长为 8 位，8 位全用来表示数据(最高位不表示符号)，数值表示范围是 $0 \leqslant X \leqslant 2^8 -1$。为了便于使用，表 4.5.7 列出了各条指令的格式、汇编符号和指令功能。

表 4.5.7　指令描述

助记符号	指令格式				功能
MOV　RD，RS	0100	RS	RD		RS→RD
ADD　RD，RS	0000	RS	RD		RD+ RS→RD
SUB　RD，RS	0100	RS	RD		RD- RS→RD
AND　RD，RS	0001	RS	RD		RD∧RS→RD
OR　RD，RS	1001	RS	RD		RD∨RS→RD
RR　RD，RS	1010	RS	RD		RS 右环移→RD
INC　RD	0111	**	RD		RD+1→RD
LDA　M　D，RD	1100	M	RD	D	E→RD
STA　M　D　RD	1101	M	RD	D	RD→ E
JMP　M　D	1110	M	**	D	E→PC
BZC　M　D	1111	M	**	D	当PC=1 或 Z=1 时，E→PC
IN　RD，P	0010	**	RD	P	[P] →RD
OUT　P，RS	0011	RS	**	P	RS→[P]
LDI，RD，D	0110	**	RD	D	D→RD
HALT	0101	**	**	**	停机

2)模型计算机系统设计

根据上面的指令系统设计要求，本模型机的数据通路框图如图 4.5.1 所示。

这里，我们采用单总线、微程序控制器方案来构建本模型机。对于机器涉及的各主要功能部件，由于实验系统都已经以部件单元电路形式给出，直接应用就可以。下面仅就指令的译码逻辑设计、系统的 I/O 地址译码、微程序控制器设计这几方面的情况进行说明。

(1)指令的译码逻辑设计。图 4.5.2 是本模型机的指令译码电路原理图，该电路已经在实验系统的"控制器单元"的 INS_DEC 中实现。

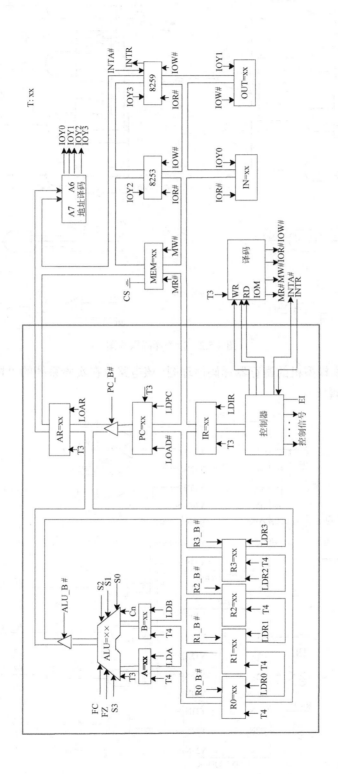

图 4.5.1　数据通路框图

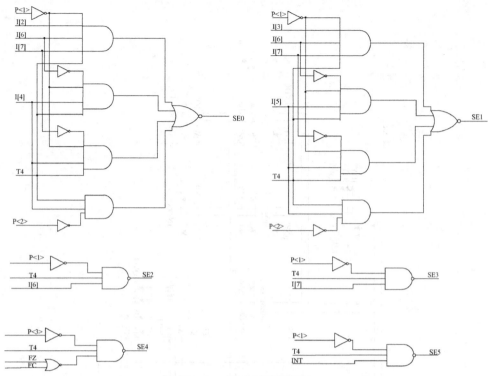

图 4.5.2　指令译码原理图

图 4.5.3 是本模型机的寄存器译码原理图，该电路也在实验系统的"控制器单元"的 REG_DEC 中实现。

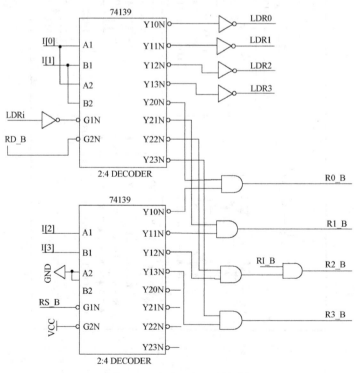

图 4.5.3　寄存器译码原理图

（2）系统的 I/O 地址译码。图 4.5.4 是模型机地址总线的 I/O 地址译码器（在实验系统的地址总线单元）。由于用的是地址总线的高两位进行译码，I/O 地址空间被分为四个区，如表 4.5.8 所示。

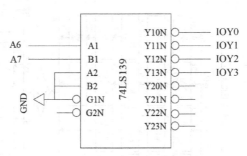

图 4.5.4　I/O 地址译码器原理图

表 4.5.8　I/O 地址空间分配

A7　A6	选定	地址空间
00	IOY0	00～3F
01	IOY1	40～7F
10	IOY2	80～BF
11	IOY3	C0～FF

（3）微程序控制器设计。根据模型计算机的指令系统要求，可设计如图 4.5.5 所示的微指令流程图。

按照系统建议的微指令格式（表 4.5.9～表 4.5.12），参照微指令流程图，将每条微指令代码化，译成二进制代码表（表 4.5.13），并将二进制代码表转换为联机操作时的十六进制格式文件，微指令格式中的 A、B、C 字段分别如表 4.5.10～表 4.5.12 所示。

表 4.5.9　微指令格式

23	22	21	20	19	18～15	14～12	11～9	8～6	5～0
M23	CN	WR	RD	IOM	S3～S0	A 字段	B 字段	C 字段	UA5～UA0

表 4.5.10　A 字段

14	13	12	选择
0	0	0	NOP
0	0	1	LDA
0	1	0	LDB
0	1	1	LDRi
1	0	0	保留
1	0	1	LOAD
1	1	0	LDAR
1	1	1	LDIR

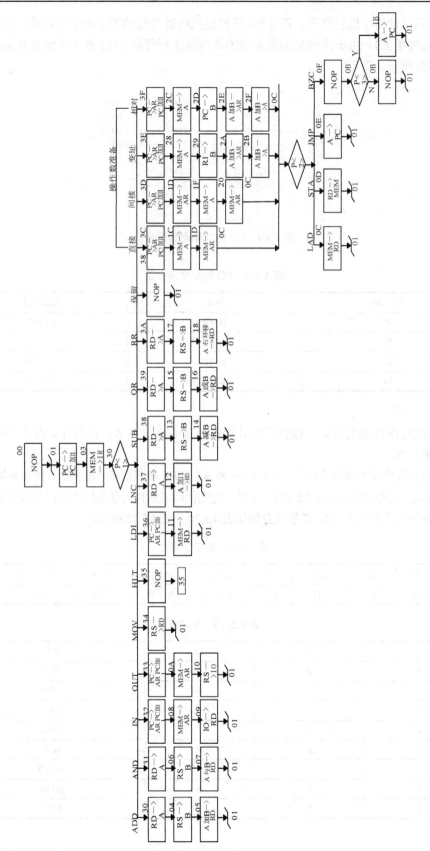

图 4.5.5　微程序流程图

表 4.5.11　B 字段

11	10	9	选择
0	0	0	NOP
0	0	1	ALU_B
0	1	0	RS_B
0	1	1	RD_B
1	0	0	RI_B
1	0	1	ALU-B
1	1	0	PC-B
1	1	0	PC-B

表 4.5.12　C 字段

8	7	6	选择
0	0	0	NOP
0	0	1	P<1>
0	1	0	P<2>
0	1	1	P<3>
1	0	0	保留
1	0	1	LDPC
1	1	0	保留
1	1	0	保留

表 4.5.13　二进制代码表

地址	十六进制表示	高五位	S3~S0	A 字段	B 字段	C 字段	UA5~UA0
00	00 00 01	00000	0000	000	000	000	000001
01	00 6D 43	00000	0000	110	110	101	000011
03	10 70 70	00010	0000	111	000	001	110000
04	00 24 05	00000	1001	011	001	000	000101
05	04 B2 01	00000	1001	011	001	000	000001
06	00 24 07	00000	0000	010	011	000	000111
07	01 32 01	00000	0010	011	001	000	000001
08	10 60 09	00010	0000	110	000	000	001001
09	18 30 01	00011	0000	011	000	000	000001
0A	10 60 10	00010	0000	000	001	000	000001
0B	00 00 01	00000	0000	000	000	000	000001
0C	10 30 01	00010	0000	000	001	100	000001
0D	20 60 01	00100	0000	000	001	100	000001
0E	00 53 41	00000	0000	101	001	101	000001
0F	00 00 CB	00000	0000	000	000	011	001011
10	28 04 01	00101	0000	000	010	000	000001
11	10 30 01	00010	0000	011	000	000	000001

地址	十六进制表示	高五位	S3~S0	A 字段	B 字段	C 字段	UA5~UA0
12	06 B2 01	00000	0000	010	001	000	000001
13	00 24 14	00000	0000	010	011	000	010100
14	05 B2 01	00000	1011	011	001	000	000001
15	00 24 16	00000	0000	010	011	000	010110
16	01 B2 01	00000	0011	011	001	000	000001
17	00 24 18	00000	0000	010	011	000	011000
18	02 B2 01	00000	0101	011	001	000	000001
1B	00 53 41	00000	0000	101	001	101	000001
1C	10 10 1D	00010	0000	001	000	000	011101
1D	10 60 8C	00010	0000	110	000	010	001100
1E	10 60 1F	00010	0000	110	000	000	011111
1F	10 20 30	00010	0000	001	000	000	100000
20	10 30 8C	00010	0000	110	000	010	001100
28	10 10 29	00010	0000	001	000	000	101001
29	00 28 2A	00000	0000	010	100	000	101010
2A	04 E2 2B	00000	1001	110	001	000	101011
2B	04 92 BC	00000	1001	001	001	010	001100
2C	10 10 2D	00010	0000	001	000	000	101101
2D	00 2C 2E	00000	0000	010	110	000	101110
2E	04 E2 2F	00000	1001	110	001	000	101111
2F	04 92 BC	00000	1001	001	001	010	001100
30	00 16 04	00000	0000	001	011	000	000100
31	00 16 06	00000	0000	001	011	000	000110
32	00 6D 48	00000	0000	110	110	101	001000
33	00 6D 4A	00000	0000	110	110	101	000001
34	00 34 01	00000	0000	011	010	000	000001
35	00 00 35	00000	0000	000	000	000	110101
36	00 6D 51	00000	0000	110	110	101	010001
37	00 16 12	00000	0000	001	011	000	010010
38	00 16 13	00000	0000	001	011	000	010011
39	00 16 15	00000	0000	001	011	000	010101
3A	00 12 17	00000	0000	001	011	000	010111
3B	00 00 01	00000	0000	000	000	000	000001
3C	00 6D 5C	00000	0000	110	110	101	011100
3D	00 6D 5E	00000	0000	110	110	101	011110
3E	00 6D 68	00000	0000	110	110	101	101000
3F	00 6D 6C	00000	0000	110	110	101	101100

4. 模型计算机测试

应用上面定义的指令系统，早在模型机上编程实现以下的操作：

从 IN 单元读入一个数据，根据读入数据的低 4 位值 X，求 $1+2+\cdots+X$ 的累加和，最后将结果存放到 70H 地址单元并在 OUT 单元输出显示。

根据要求可以设计如下程序(地址和内容均为二进制数)：

地址	内容	助记符	说明
00000000	00100000	; START: IN R0, 00H	说明从 IN 单元读入计数初值
00000001	00000000		
00000010	01100001	; LDI RI, , 0FH	立即数 0FH 送 R1
00000011	00001111		
00000100	00010100	; AND R0, R1	得到 R0 低四位
00000101	01100001	; IDI R1, 00H	装入和初值 00H
00000110	00000000		
00000111	11110000	; BzC RESULT	计数值为 0 则跳转
00001000	00010110		
00001001	01100010	; LDI R2, 60H	读入数据始地址
00001010	01100000		
00001011	11001011	; LOOP: LAD R3, [RI], 00H	
		从 MEM 读入数据送 R3，变址寻址，偏移量为 00H	
00001100	00000000		
00001101	00001101	; ADD R1, R3	累加求和
00001110	01110010	; INC RI;	变址寄存加 1，指向下一数据
00001111	01100011	; LDI R3, 01H	装入比较值
00010000	00000001		
00010001	10001100	; SUB R0, R3	
00010010	11110000	; BZC RESULT	相减为 0，表示求和完毕
00010011	00010110		
00010100	11100000	; JMP LOOP	未完则继续
00010101	00001011		
00010110	11010001	; RESULT: STA 70H, R1	存于 MEM 的 70H 单元
00010111	01110000		
00011000	00110100	; OUT 40H, R1	和在 OUT 单元显示
00011001	01000000		
00011010	11100000	; JMP START	跳转至 START
00011011	00000000		
00011100	01010000	; HLT	停机
01100000	00000001	;	数据
01100001	00000001		
01100010	00000011		
01100011	00000100		
01100100	00000101		
01100101	00000110		
01100110	00000111		
011001111	00001000		
01101000	00001001		

```
01101001        00001010
01101010        00001011
01101011        00001100
01101100        00001101
01101101        00001110
01101110        00001111
```

5. 实验步骤

首先，JP1、JP2 用短路块将 1、2 短接，按图 4.5.6 连接实验线路，检查无误后打开实验箱电源。

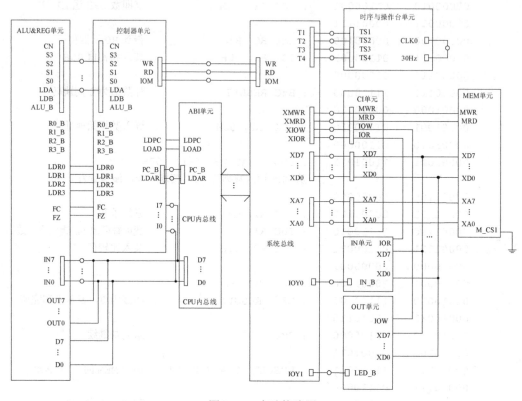

图 4.5.6　实验接线图

然后，写入实验程序，并进行校验，分为两种方式：手动写入和联机写入。

1）手动写入和校验

（1）手动写入微程序。

①将时序与操作台单元的开关 KK1 置为"停止"挡，KK3 置为"编程"挡，KK4 置为"控存"挡，KK5 置为"置数"挡。

②使用 CON 单元的 SD15～SD10 给出微地址，IN 单元给出低 8 位应写入的数据，连续两次按动时序与操作台的开关 ST，将 IN 单元的数据写到该单元的低 8 位。

③将时序与操作台单元的开关 KK5 置为"加 1"挡。

④IN 单元给出中 8 位应写入的数据，连续两次按动时序与操作台的开关 ST，将 IN 单元的数据写到该单元的中 8 位。IN 单元给出高 8 位应写入的数据，连续两次按动时序

与操作台的开关 ST，将 IN 单元的数据写到该单元的高 8 位。

⑤重复①、②、③、④四步，将表 4.5.8 的微代码写入 2816 芯片中。

(2) 手动校验微程序。

①将时序与操作台单元的开关 KK1 置为"停止"挡，KK3 置为"校验"挡，KK4 置为"控存"挡。KK5 置为"置数"挡。

②使用 CON 单元的 SD15～SD10 给出微地址，连续两次按动时序与操作台的开关 ST，MC 单元的数据指示灯 M7～M0 显示该单元的低 8 位。

③将时序与操作台单元的开关 KK5 置为"加 1"挡。

④连续两次按动时序与操作台的开关 ST，MC 单元的数据指示灯 M15～M8 显示该单元的中 8 位，再连续两次按动时序与操作台的开关 ST，则 MC 单元的数据指示灯 M23～M16 显示该单元的高 8 位。

⑤重复①、②、③、④四步，完成对微代码的校验。如果校验出微代码写入错误，重新写入、校验，直至确认微指令的输入无误为止。

(3) 手动写入机器程序。

①将时序与操作台单元的开关 KK1 置为"停止"挡，KK3 置为"编程"挡，KK4 置为"主存"挡，KK5 置为"置数"挡。

②使用 CON 单元的 SD17～SD10 给出地址，IN 单元给出该单元应写入的数据，连续两次按动时序与操作台的开关 ST，将 IN 单元的数据写到该存储器单元。

③将时序与操作台单元的开关 KK5 置为"加 1"挡。

④IN 单元给出下一地址(地址自动加 1)应写入的数据，连续两次按动时序与操作台的开关 ST，将 IN 单元的数据写到该单元中。然后地址会自加 1，只需在 IN 单元输入后续地址的数据，连续两次按动时序与操作台的开关 ST，即可完成对该单元的写入。

⑤重复①、②两步，将所有机器指令写入主存芯片中。

(4) 手动校验机器程序。

①将时序与操作台单元的开关 KK1 置为"停止"挡，KK3 置为"校验"挡，KK4 置为"主存"挡，KK5 置为"置数"挡。

②使用 CON 单元的 SD17～SD10 给出地址，连续两次按动时序与操作台的开关 ST，CPU 内总线的数据指示灯 D7～D0 显示该单元的数据。

③将时序与操作台单元的开关 KK5 置为"加 1"挡。

④连续两次按动时序与操作台的开关 ST，地址自动加 1，CPU 内总线的数据指示灯 D7～D0 显示该单元的数据。此后每两次按动时序与操作台的开关 ST，地址自动加 1，CPU 内总线的数据指示灯 D7～D0 显示该单元的数据，继续进行该操作，直至完成校验。若发现错误，则返回写入，然后校验，直至确认输入的所有指令准确无误。

2) 联机写入和校验

连上 PC，可运行 TDX-CMX 联机软件。联机软件提供了微程序和机器程序编辑与下载的功能，以代替手动读/写微程序和机器程序。机器程序以及微程序均以指定的格式写入以 txt 为后缀的文件中，机器指令的格式如下：

机器指令格式说明：

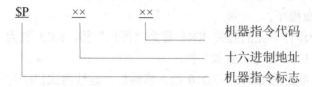

如$P 1F 11，表示机器指令的地址为 1FH，指令值为 11H，而微程序的格式如下：

微指令格式说明：

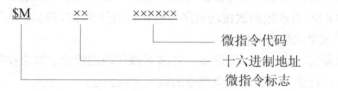

如$P 1F 112233，表示机器指令的地址为 1FH，微指令值为 11H(高)，22H(中)，33H(低)。

本次实验程序可编辑如下，其中的分号";"为注释符，分号后面的内容在下载时将被忽略掉。模型机实验指令文件：

```
//Start of Main Memory Data//
$P  00  20  ; START: IN RO, 00H        说明从 IN 单元读入计数初值
$P  01  00
$P  02  61  ; LDI RI, OFH              立即数 OFH 送 R1
$P  03  6F
$P  04  14  ; AND RO, R1               得到 RO 低四位
$P  05  61  ; IDI R1, 00H              装入和初值 00H
$P  06  00
$P  07  F0  ; BzC RESULT               计数值为 0 则跳转
$P  08  16
$P  09  62  ; LDI R2, 60H              读入数据始地址
$P  0A  60
$P  0B  CB  ; LOOP: LAD R3, [RI], 00H  从 MEM 读入数据送 R3, 变址
              ; 寻址, 偏移量为 00H
$P  0C  00
$P  0D  0D  ; ADD R1, R3               累加求和
$P  0E  72  ; INC RI;                          变址寄存加 1, 指向下一数据
$P  0F  63  ; LDI R3, 01H              装入比较值
$P  10  01
$P  11  BC  ; SUB  RO, R3
$P  12  F0  ; BZC  RESULT              相减为 0, 表示求和完毕
$P  13  16
$P  14  E0  ; JMP  LOOP                未完则继续
$P  15  0B
$P  16  D1  ; RESULT: STA 70H, R1      存于 MEM 的 70H 单元
$P  17  70
$P  18  34  ; OUT 40H, R1              和在 OUT 单元显示
```

```
$P  19  40
$P  1A  E0  ; JMP  START              跳转至 START
$P  1B  00
$P  1C  50  ; HLT                     停机
$P  60  01  ;                         数据
$P  61  01
$P  62  02
$P  63  03
$P  63  04
$P  64  05
$P  65  06
$P  66  07
$P  67  08
$P  68  09
$P  69  0A
$P  6A  0B
$P  6B  0C
$P  6C  0D
$P  6D  0E
$P  6E  0F
; //End of Main Memory Data//
//Start of Main Microcontroller Data//
$M  00  000001  ;   NOP
$M  01  006D43  ;   PC->AR, PC 加 1
$M  03  107070  ;   MEM->IR, P<1>
$M  04  002405  ;   RS->B
$M  05  04B201  ;   A 加 B->RD
$M  06  002407  ;   RS->B
$M  07  013201  ;   A 与 B->RD
$M  08  106009  ;   MEM->AR
$M  09  183001  ;   IO->RD
$M  0A  106010  ;   MEM->AR
$M  0B  000001  ;   NOP
$M  0C  103001  ;   MEM->RD
$M  0D  200601  ;   RD->MEM
$M  0E  005341  ;   A->PC
$M  0F  0000CB  ;   NOP, P<3>
$M  10  280401  ;   RS->IO
$M  11  103001  ;   MEM->RD
$M  12  06B201  ;   A 加 1->RD
$M  13  002414  ;   RS->B
$M  14  05B201  ;   A 减 B->RD
$M  15  002416  ;   RS->B
$M  16  01B201  ;   A 或 B->RD
$M  17  002418  ;   RS->B
$M  18  02B201  ;   A 右环移->RD
$M  1B  005341  ;   A->PC
$M  1C  10101D  ;   MEM->A
$M  1D  10608C  ;   MEM->AR, P<2>
```

```
$M  1E  10601F  ;    MEM->AR
$M  1F  101020  ;    MEM->A
$M  20  10608C  ;    MEM->AR, P<2>
$M  28  101029  ;    MEM->A
$M  29  00282A  ;    RI->B
$M  2A  04E22B  ;    A 加 B->AR
$M  2B  04928C  ;    A 加 B->A, P<2>
$M  2C  10102D  ;    MEM->A
$M  2D  002C2E  ;    PC->B
$M  2E  04E22F  ;    A 加 B->AR
$M  2F  04928C  ;    A 加 B->A, P<2>
$M  30  001604  ;    RD->A
$M  31  001606  ;    RD->A
$M  32  006D4A  ;    PC->AR, PC 加 1
$M  33  006D4A  ;    PC->AR, PC 加 1
$M  34  003401  ;    RS->RD
$M  35  000035  ;    NOP
$M  36  006D51  ;    PC->AR, PC 加 1
$M  37  001612  ;    RD->A
$M  38  001613  ;    RD->A
$M  39  001615  ;    RD->A
$M  3A  001617  ;    RD->A
$M  3B  000001  ;    NOP
$M  3C  006D5C  ;    PC->AR, PC 加 1
$M  3D  006D5E  ;    PC->AR, PC 加 1
$M  3E  006D68  ;    PC->AR, PC 加 1
$M  3F  006D6C  ;    PC->AR, PC 加 1
; //End of Main Microcontroller Data//
```

　　使用联机软件的"转储"→"装载"功能，在打开文件对话框中选择上面所保存的文件，软件自动将机器程序和微程序写入指定单元。

　　使用联机软件的"转储"→"刷新指令区"功能可以读出模型机的所有机器指令和微指令，并在指令区显示，对照文件检查微程序和机器程序是否正确，如果不正确，则说明写入操作失败，应重新写入，可以通过联机软件单独修改某个单元的指令，以修改微指令为例，先单击指令区的"微存"按钮，然后单击需修改单元的数据，此时该单元变为编辑框，输入 6 位数据并按回车键，编辑框消失，并以红色显示写入的数据。

　　3) 运行程序

　　方法一：本机运行。将时序与操作台单元的开关 KK1、KK3 置为"运行"挡，按动 CON 单元的总清按钮 CLR，将使程序计数器 PC、地址寄存器 AR 和微程序地址为 00H，程序可以从头开始运行，暂存器 A、B，指令寄存器 IR 和 OUT 单元也会被清零。

　　将时序与操作台单元的开关 KK2 置为"单步"挡，每按动一次 ST 按钮，即可单步运行一条微指令，对照微程序流程图，观察微地址显示灯是否和流程一致。每运行完一条微指令，观测一次数据总线和地址总线，对照数据通路图，分析总线上的数据是否正确。

当模型机执行完 OUT 指令后，检查 OUT 单元显示的数是否正确，按下 CON 单元的总清按钮 CLR，改变 IN 单元的值，再次执行机器程序，从 OUT 单元显示的数判别程序执行是否正确。

方法二：联机运行(软件使用说明请看附录 1)。

在联机软件正常运行的情况下，执行菜单命令"实验"→"CISC 模型机"，打开 CISC 模型机数据通路图，选择相应的功能命令，就可联机运行、调试模型机的实验程序。按动 CON 单元的总清按钮 CLR，然后在 PC 上运行模型机实验程序，当模型机执行完 OUT 指令后，检查 OUT 单元显示的数是否正确。我们可以在 PC 上以数据通路图或微程序流程图调试方式来观测指令的执行过程，也可以同时观测实验系统中的地址总线、数据总线以及微指令显示情况。

6. 性能测评

(1)指令系统庞大，寻址方式也比较复杂，导致指令格式不规整，控制器的译码和执行的硬件设计复杂，不利于超大规模集成电路实现，同时降低了系统的可靠性。

(2)指令操作复杂，导致指令执行效率低下，有的指令甚至低于用几条简单的指令组合实现相同功能所耗费的时间。

(3)指令系统庞大，使高级语言编译程序选择目标指令的范围很大，不利于编译的优化；同时庞大的指令系统使各种指令的使用频率都不高，加重了设计人员的负担，降低了系统的性价比。

4.5.2　基于 RISC 技术的模型机设计实验

1. 实验目的

(1)了解 RISC 和 CISC 的体系结构特点与区别。
(2)掌握 RISC 处理器的指令系统特征和一般设计原则。

2. 实验设备

PC 一台，TDX-CMX 实验系统一套。

3. 实验原理

1)指令系统设计

本实验采用 RISC 思想设计的模型机，选用常用的八条指令：MOV、ADD、NOT、AND、OR、LOAD、SAVE 和 JMP 作为指令系统，寻址方式采用寄存器寻址及直接寻址两种方式。指令格式采用单字节及双字节两种格式。

单字节指令(MOV、ADD、NOT、AND、OR、JMP)格式如表 4.5.14 所示。

表 4.5.14　单字节指令格式

7 4 5 6	3 2	1 0
OP-CODE	RS	RD

其中，OP-CODE 为操作码，RS 为源寄存器，RD 为目的寄存器，并规定如表 4.5.15 所示。

表 4.5.15　寄存器规定

RS 或 RD	选定的寄存器
00	R0
01	R1
10	R2
11	R3

双字节指令(LOAD、SAVE)格式如表 4.5.16 所示。

表 4.5.16　双字节指令格式

7 6 5 4 (1)	3 2 (1)	1 0 (1)	7—0 (2)
OP-CODE	RS	RD	P

其中，括号中的 1 表示指令的第一字节，2 表示指令的第二字节，OP-CODE 为操作码，RS 为源寄存器，RD 为目的寄存器，P 为操作目标的地址，占用一字节。

根据上述指令格式，表 4.5.17 列出了本模型机的八条机器指令的具体格式、汇编符号和指令功能。

表 4.5.17　指令描述

助记符号	指令格式				指令功能
MOV RS RD	0000	RS	RD		RS→RD
ADD RS RD	0001	RS	RD		RD+→
NOT RD	0010	**	RD		/RD→RD
AND RS RD	0100	RS	RD		RD∧RS→RD
OR RS RD	0101	RS	RD		RD∨RS→RD
JMP	0110	RS			RS→PC
LOAD RD	0101	M	* RD	P	[P]→RD
STORE RS	0110	RS	M *	P	RS→[P]

本系统采用外设和主存储器各自独立编码的编制方式，I/O 单元采用地址总线高两位做二四译码来实现。

由于用的还是地址总线的高两位进行译码，I/O 地址空间被分为四个区，如表 4.5.18 所示。

表 4.5.18　I/O 地址空间分配

A7　A6	选定	地址空间
00	IOY0	00～3F
01	IOY1	40～7F
10	IOY2	80～BF
11	IOY3	C0～FF

2) RISC 处理器的模型计算机系统设计

本处理器的时钟及节拍电位如图 4.5.7 所示，数据通路图如图 4.5.8 所示，是采用双总线解构构建 RISC 处理器的，其指令周期流程图如图 4.5.9 所示，在通路中除控制器单元由本实验系统的"控制器单元"中的 FPGA 单元来设计实现外，其他单元全是由实验系统上的单元电路来实现的。

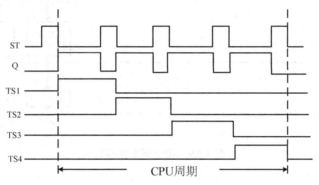

图 4.5.7　时序电路图

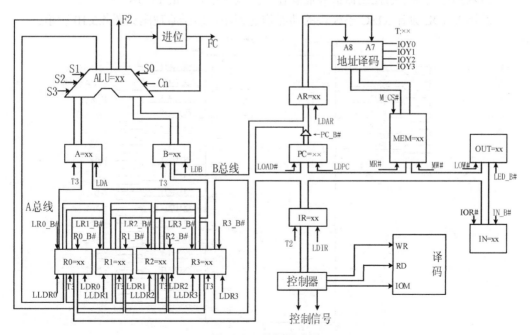

图 4.5.8　数据通路图

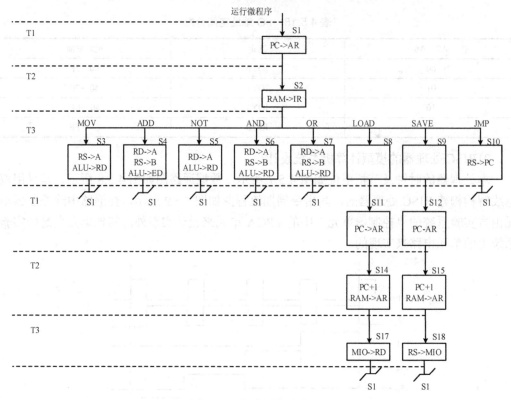

图 4.5.9　指令周期流程图

3)控制器设计

(1)数据通路图中的控制器部分需要在"控制器单元"的 FPGA 中设计。

(2)用 VHDL 设计 RISC 子模块的功能描述程序,顶层原理图如图 4.5.10 所示。

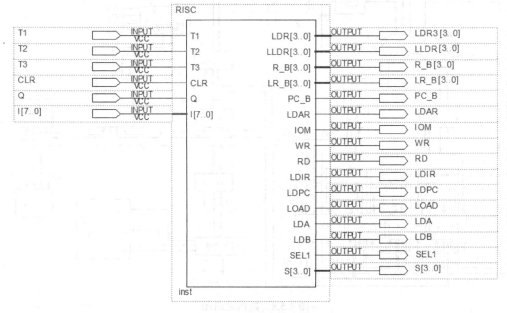

图 4.5.10　顶层模块图

4. 实验步骤

（1）本实验在"控制器单元"的 FPGA 中编辑、编译所设计的程序，其引脚配置图如图 4.5.11 所示。

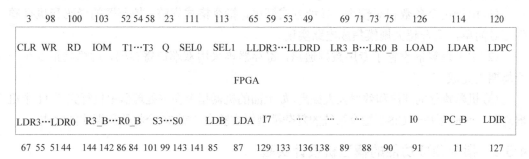

图 4.5.11　引脚配置图

（2）关闭实验系统电源，把时序与操作台单元的 MODE 短路块拨开，使系统工作在三节拍模式，JP1、JP2 短路改为 2、3 短接。

（3）打开实验系统电源，将下载电缆插入控制器单元的 C_JTAG 口，把生成的 SOF 文件下载到控制器单元中。

（4）编写一段机器指令。

地址(H)	内容(H)	助记符	说明
00	50	LOAD	IN->R0
01	40		
02	51	LOAD	IN->R1
03	40		
04	06	MOV	R1->R2
05	18	ADD	R1+R2->R0
06	60	SAVE	R0->OUT
07	80		
08	58	LOAD	[10]->R0
09	10		
0A	70	JMP	[R0]->PC

（5）连接 PC，运行 TDX-CMX 联机软件，将上述程序写入相应的地址单元中或用"转储"→"装载"功能将该实验对应的文件载入实验系统上的模型机中。

（6）将时序与操作台单元的开关 KK1、KK3 置为"运行"挡，按动 CON 单元的总清按钮 CLR，将使程序计数器 PC、地址寄存器 AR 和微程序地址为 00H，程序可以从头开始运行，暂存器 A、B，指令寄存器 IR 和 OUT 单元也会被清零。

在 IN 输入单元上置入一数据，将时序与操作台单元的开关 KK2 置为"单拍"挡，每按动一次 ST 按钮，对照数据流图通路图，分析数据和控制信号是否正确。

当模型机执行完 JMP 指令后，检查 OUT 单元显示的数是否正确，按下 CON 单元的总清按钮 CLR，改变 IN 单元的值，再次执行机器程序，根据 OUT 单元显示的数可判别程序执行是否正确。

（7）联机运行程序时，进入软件界面，装载机器指令后，选择"实验"→"RISC 模型机"选项打开相应动态数据通路图，按相应功能键即可联机运行、监控、调试程序。

5．性能评测

将此 RISC 处理器和前面的基于 CISC 指令系统的复杂模型机实验相比较，可明显看出以下优点。

（1）由于指令条数相对较少，寻址方式简单，指令格式规整，控制器的译码和执行硬件相对简单，适合超大规模集成电路实现。

（2）由于运算器设置了专用数据通路，寄存器堆采用双端口寄存器，运算类指令在一个周期内完成。

（3）机器执行的速度和效率大大提高。如上面的机器指令在本处理器中执行完需 11 个机器周期，而前面基于 CISC 指令系统的复杂模型机实验中，需 36 个机器周期才能完成。

4.5.3　指令预取功能的模型机设计实验

1．实验目的

（1）在 CISC 模型机的基础上，设计一台具有指令预取功能的模型机。

（2）熟悉硬布线控制方式和微指令控制方式联合设计模型机的方法，通过具体上机调试来掌握处理机重叠操作的原理。

2．实验设备

PC 一台，TDX-CMX 实验系统一套。

3．实验原理

1）指令系统设计

本实验设计的模型机指令分为两大类，由于所设计的指令格式中操作码有四位，可以设计十六条不同的指令，我们给出其中常用的八条指令的设计，有兴趣的读者可以通过在此模型机的基础上扩充指令来构建自己的模型机。模型机指令格式如下，其中括号中的 1 表示指令的第一字节，2 表示指令的第二字节，OP-CODE 为操作码，RS 为源寄存器，RD 为目的寄存器，P 为操作目标的地址，占用一字节。

单字节指令（MOV、ADD、NOT、AND、OR）格式如表 4.5.19 所示。

表 4.5.19　单字节指令格式

7 6 5 4	3 2	1 0
OP-CODE	RS	RD

规定如表 4.5.20 所示。

表 4.5.20　寄存器规定

RS 或 RD	选定的寄存器
00	R0
01	R1
10	R2
11	R3

双字节指令(IN、OUT、JMP)格式如表 4.5.21 所示。

表 4.5.21　双字节指令格式

7 6 5 4(1)	3 2(1)	1 0(1)	7—0(2)
OP-CODE	RS	RD	P

根据上述格式,表 4.5.22 列出了本模型机的八条机器指令的具体格式、汇编符号和指令功能。

表 4.5.22　指令描述

助记符号	指令格式			指令功能
MOV　RS　RD	0000	RS	RD	RS→RD
ADD　RS RD	0001	RS	RD	RD+RS→RD
NOT　RD	0010	**	RD	/RD→RD
AND　RS　RD	0011	RS	RD	RD∧RS→RD
OR　RS　RD	0100	RS	RD	RD∨RS→RD
IN　RD	0101	**	RD　P	[P]→RD
OUT　RS	0110	RS	**　P	RS→[P]
JMP　D	0111	**	**　P	P→PC

系统采用外设和主存储器各自独立编码的编址方式,I/O 译码单元由采用地址总线高两位做二四译码来实现。

由于采用地址总线的高两位进行译码,I/O 地址空间被分为四个区,如表 4.5.23 所示。

表 4.5.23　地址空间分配

A7 A6	选定	地址空间
00	IOY0	00~3F
01	IOY1	40~7F
10	IOY2	80~BF
11	IOY3	C0~FF

2)有指令预取功能的模型机系统设计

在 CISC 模型机实验过程中,我们已经了解了在微程序控制下可自动产生各部件单元控制信号,实现特定指令的功能。而在本次实验中,引入指令预取部件和总线控制部件,使指令预取与指令执行的工作重叠进行。

采用重叠方案实现上面指令系统的模型计算机的数据通路框图设计如图 4.5.12 所示。整体的模型机采用双总线的结构,每个机器周期由三节拍构成。这里,计算机执行部件数据通路的控制主要由微程序控制器来完成,而指令预取部件的数据通路可以通过设置先进总线接口 ABI 单元来实现。指令预取采用四字节的先进先出(FIFO)栈作为指令缓冲栈，在程序运行过程中，指令预取部件将指令从主存储器中取到 FIFO 里，而执行部件则从 FIFO 中取得指令并进行指令的译码，在微程序控制下实现指令的操作。总线控制部件则根据执行部件和指令预取部件发出的相应信号来选择总线当前的数据通路，并产生相应的控制信号，以实现对 I/O 设备的读/写操作和指令预取操作。总线控制单元产生的控制信号有 C、WR、RD、IOM、LDPC、PA_AR 和 FWR，其中信号 C 控制输出通道，执行输出指令时有效；信号 B 控制输入通道，执行输入指令时有效；信号 C 控制取地址通道，执行双字节指令取地址时有效。

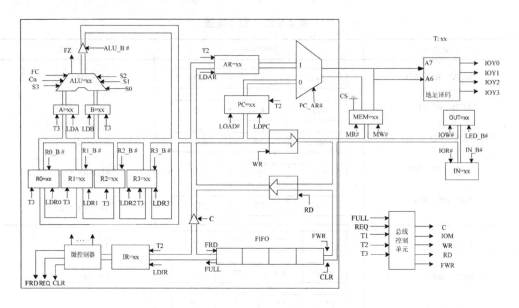

图 4.5.12　数据通路图

处理器的时钟及节拍电位由时序电路产生，为每周期 4 节拍，如图 4.5.13 所示。

WR、RD、IOM 为一组用于控制存储器和输入输出设备读写的信号，其控制的具体逻辑如图 4.5.14 所示，IOM=1 时对 I/O 设备进行读/写操作，IOM=0 时对主存储器进行读/写操作，RD=1 时为读，WR=1 时为写。

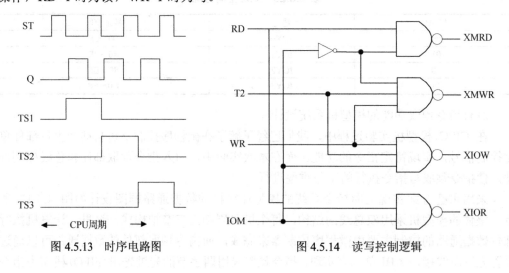

图 4.5.13　时序电路图　　　　　图 4.5.14　读写控制逻辑

3) 相关处理

由于指令执行和指令预取是以重叠方式运行的，所以系统必然存在一些相关情况。本系统制定如下的控制策略来解决相关问题。

指令预取部件和执行部件可能同时用到 C 总线，因此对预取操作和执行操作设置优先级，当发生竞争时，执行段访问内优先。

具体参照数据通路图来讲，就是当执行部件遇到访内指令需要占用外总线时，微控器发出访内请求 REQ 信号，BIU 在下一机器周期将暂停指令预取，让出总线控制权，由执行部件通过总线对外部设备进行读/写操作。控制相关的问题相对来讲要简单多了，当执行段执行程序转移时只需由微控器发出 FCLR 清除预取指令缓冲栈信号就可以实现。

4. 微程序控制器设计

基于上面的讨论，本系统所涉及的微程序流程如图 4.5.15 所示。当程序准备执行时，前两个机器周期向指令缓冲队列 FIFO 预取两条指令，然后转入微程序运行阶段，后续指令的预取在微程序运行时完成。具体的实现方式是当指令的执行不需要占用 C 总线时，在 T1 时刻完成指令的预取。由于执行 JMP 指令时需要清空指令缓冲队列，所以在 JMP 指令执行后插入两条空操作来向指令缓冲队列中预取两条指令，以确保执行部件可以从指令缓冲队列中读到正确的指令。

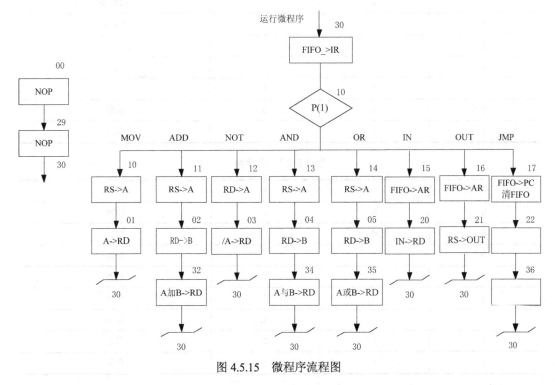

图 4.5.15　微程序流程图

当全部微程序设计完成后，应将每条微指令代码化，将图 4.5.15 的微程序流程图按表 4.5.24～表 4.5.27 所示的微指令格式转化而成的二进制微代码表如表 4.5.28 所示。

表 4.5.24　微代码的指令格式

23	22	21	20	19	18~15	14~12	11~9	8~6	5~0
REQ	保留	WR	RD	IOM	S3~S0	A 字段	B 字段	C 字段	UA5~UA0

表 4.5.25　A 字段

14	13	12	选择
0	0	0	NOP
0	0	1	LDA
0	1	0	LDB
0	1	1	LDDi
1	0	0	保留
1	0	1	LOAD
1	1	0	LDAR
1	1	1	LDIR

表 4.5.26　B 字段

11	10	9	选择
0	0	0	NOP
0	0	1	ALU_B
0	1	0	RS_B
0	1	1	RD_B
1	0	0	保留
1	0	1	保留
1	1	0	保留
1	1	1	保留

表 4.5.27　C 字段

8	7	6	选择
0	0	0	NOP
0	0	1	P(1)
0	1	0	保留
0	1	1	保留
1	0	0	保留
1	0	1	保留
1	1	0	保留
1	1	1	保留

在前面 CISC 模型机的微指令格式的基础上，增加了 REQ 信号。REQ 信号在执行 IN、OUT 指令时有效，表示该指令的执行需要占用 C 总线。

表 4.5.28 二进制代码表

地址	十六进制表示	高五位	S3~S0	A 字段	B 字段	C 字段	字段 UA5~UA0
00	00 00 29	00000	0000	000	000	000	101001
01	00 32 30	00000	0000	011	001	000	110000
02	00 26 32	00000	0000	010	001	000	110010
03	02 32 30	00000	0100	011	011	000	110100
04	00 26 34	00000	0010	010	011	000	11000
05	00 14 01	00000	0011	010	011	000	110101
11	00 14 02	00000	0000	001	010	000	000001
12	00 16 03	00000	0000	001	011	000	000011
13	00 14 04	00000	0000	001	010	000	000100
14	00 14 05	00000	0000	001	010	000	000101
15	80 60 20	10000	0000	110	000	000	100000
16	80 60 21	10000	0000	110	000	000	100001
17	00 50 22	00000	0000	101	000	000	100010
20	18 30 30	00011	0000	011	000	000	110000
21	28 04 30	00101	0000	000	010	000	110000
22	00 00 36	00000	0000	000	000	000	110110
29	00 00 30	00000	0000	000	000	000	110000
30	00 70 50	00000	0000	111	000	001	010000
32	04 B2 30	00000	1001	011	001	000	110000
34	01 32 30	00000	0010	011	001	000	110000
35	01 B2 30	00000	0011	011	001	000	110000
36	00 00 30	00000	0000	000	000	000	110000

本实验为提高实验的效率和实验的成功率，特别是为了能按照数据通路图的方式来调试实验达到好教好学的效果，处理器中的运算器与 REG 堆、微程序控制器、指令预取控制部件、先总线接口（支持流水技术）、存储器 RAM.IN 单元、OUT 单元等都是用实验系统上的单元电路来构建的，只需在电路搭建完成后加载设计的微程序，就可构成具有重叠功能的模型机。

5. 实验步骤

(1)关闭实验系统电源，把时序与操作台单元的 MODE 短路块拨开，使系统工作在三节拍模式，JP1、JP2 用短路块将 1、2 短接，按图 4.5.16 连接实验电路。

(2)编写一段机器指令程序。

地址(H)	内容(H)	助记符	说明
00	50	IN	IN->R0
01	40		
02	51	IN	IN->R1
03	40		
04	06	MOV	R1->R2
05	18	ADD	R0+R2->R0
06	60	OUT	R0->OUT

07	80		
08	70	JMP	00->PC
09	00		

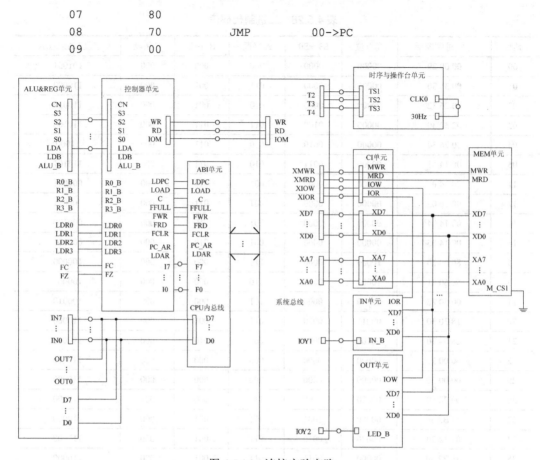

图 4.5.16　连接实验电路

(3)连上 PC，运行 TD-CMX 联机软件，将上述程序写入相应的地址单元中或用"转储"→"装载"功能将该实验对应的文件载入实验系统。

(4)将时序与操作台单元的开关 KK1、KK3 置为"运行"挡，按动 CON 单元的总清按钮 CLR，将使程序计数器 PC、地址寄存器 AR 和微程序地址为 00H，程序可以从头开始运行，暂存器 A、B，指令寄存器 IR 和 OUT 单元也会被清零。

在输入单元上置入一数据，将时序与操作台单元的开关 KK1 和 KK3 置为"运行"挡，KK2 置为"单拍"挡，每按动一次 ST 按钮，对照数据通路图，分析数据和控制信号是否正确。

当模型机执行完 JMP 指令后，检查 OUT 单元显示的数是否正确，按下 CON 单元的总清按钮 CLR，改变 IN 单元的值，再次执行机器程序，从 OUT 单元显示的数判别程序执行是否正确。

(5)在联机软件界面下，完成装载机器指令后，选择"实验"→"重叠模型机"菜单项打开相应的动态数据通路图，按相应功能键即可联机运行、调试模型机实验程序。

为了便于分析，将单拍调试情况罗列如下。

第 1 周期，T1：置下一条微指令码；T2：第一条指令的指令码打入 FIFO 中，PC 加 1；T3：空操作。

第 2 周期，T1：置下一条微指令码；T2：第一条指令的指令码地址打入 FIFO 中，PC 加 1；T3：空操作。

第 3 周期，T1：置下一条微指令码；T2：第二条指令的指令码打入 FIFO 中，PC 加 1，第一条指令的指令码打入指令寄存器 IR；T3：空操作。

第 4 周期，T1：置下一条微指令码；T2：第二条指令的指令码地址打入 FIFO 中，PC 加 1，第一条指令的指令码地址打入地址寄存器 AR；T3：空操作。

第 5 周期，T1：置下一条微指令码，将地址寄存器 AR 中的地址输出到地址总线；T2：空操作；T3：把 IN 单元的数据打入 R0 中。

第 6 周期，T1：置下一条微指令码；T2：第三条指令的指令码打入 FIFO 中，PC 加 1，第二条指令的指令码打入指令寄存器 IR；T3：空操作。

第 7 周期，T1：置下一条微指令码；T2：第四条指令的指令码打入 FIFO 中，PC 加 1，第二条指令的指令码地址打入地址寄存器 AR 中；T3：空操作。

第 8 周期，T1：空操作；T2：置下一条微指令码，将地址寄存器 AR 中的地址输出到地址总线；T2：空操作；T3：把 IN 单元的数据打入 R1 中。

第 9 周期，T1：置下一条微指令码；T2：第五条指令的指令码打入 FIFO 中，PC 加 1，第三条指令的指令码打入指令寄存器 IR；T3：空操作。

第 10 周期，T1：置下一条微指令码；T2：第五条指令的指令码地址打入 FIFO 中，PC 加 1；T3：把 R1 中的数据打入暂存器 A 中。

后面的机器周期由学生自己分析，并思考以下问题：第 5、第 8 机器周期为什么没有向 FIFO 预取数据？

6. 性能评测

(1) 本实验重叠方案清晰，易于理解。由于该实验是基于重叠执行方式的原理性实验，故指令系统比较简单。

(2) 本实验在前面复杂模型机的基础上以重叠方案实现模型机功能，除第一条指令执行前的指令预取操作需要占用单独的机器周期外，其他每条指令的取指操作都不占用单独的机器指令周期。同时，引入地址寄存器专用通路，减少了双字节指令的取地址操作所占用的时间。因此，缩短了指令的执行时间，提高了指令的执行效率。

(3) 与前面的 CISC 模型机相比，硬件上增加了 FIFO、总线控制器和相应的总线，从而大大地提高了指令的执行效率，如上面的那段机器指令在复杂模型机中执行完需 29 个机器周期，而在本模型机实验中，需 22 个机器周期就能完成。

第 5 章　基于 Qsys 的综合开发实例

5.1　LED 流水灯实验

1. 实验目的

(1) 掌握基本的开发流程。

(2) 熟悉 Quartus Ⅱ 13.0 软件的使用。

(3) 熟悉 Nios Ⅱ 13.0 IDE 开发环境。

2. 实验设备

(1) 硬件：PC 一台，TDX-EDA/SOPC 综合实验平台或 DE2 开发板。

(2) 软件：Quartus Ⅱ 13.0、Nios Ⅱ 13.0 设计软件。

3. 实验原理

可参考发光二极管的发光原理。在本实验电路中，发光二极管的两端分别接到高电平和 FPGA 的 I/O 口(4 路)或 74164 的并行输出 I/O 口(4 路)，这样只要控制发光二极管的另一端为低电平，二极管就会有电流经过，因此而发光。

4. 实验内容

将 8 位 LED 灯点亮，进行流水灯控制。

5. 实验步骤

由于这是本章第一个实验，所以从硬件平台搭建开始，系统地介绍该过程，以方便读者熟悉 Nios Ⅱ 开发的整体流程。一般分为以下几个步骤。

(1) 在 Quartus Ⅱ 13.0 中建立工程。

(2) 用 Qsys 建立 Nois Ⅱ 系统模块。

(3) 在 Quartus Ⅱ 13.0 中的图形编辑界面中进行引脚连接、锁定工作。

(4) 编译工程后下载到 FPGA 中。

(5) 在 Nios Ⅱ 13.0 IDE 中根据硬件建立软件工程。

(6) 编译后，经过简单设置下载到 FPGA 中进行调试、实验。

下面就根据以上步骤进行一次开发(建议先学习第 3 章 Quartus Ⅱ 13.0 相关知识)。

1) 硬件设计

(1) 运行 Quartus Ⅱ 13.0 软件，选择 File→New Project Wizard 菜单项，选择工程目录名称、工程名称及顶层文件名称为 pipeline_light，在选择器件设置对话框中选择目标器件，建立新工程。本实验在 PC 的 C 盘下建立了名为 pipeline_light 的工程文件夹，器件设置中选择 EP2C35F672C6 芯片。

(2)选择 Tools→Qsys 菜单项，弹出如图 5.1.1 所示的 Qsys 软件界面。

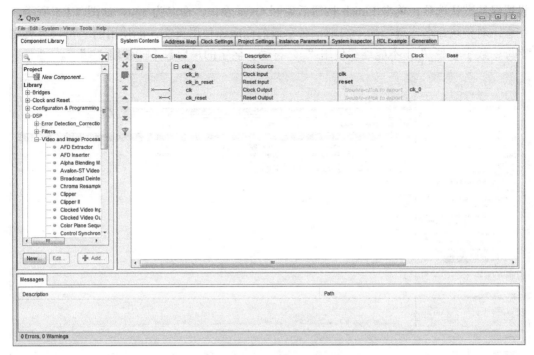

图 5.1.1　Qsys 软件界面

(3)在 System Contents 选项卡中双击 clk_0 时钟信号，更改系统频率为 75MHz，如图 5.1.2 所示。

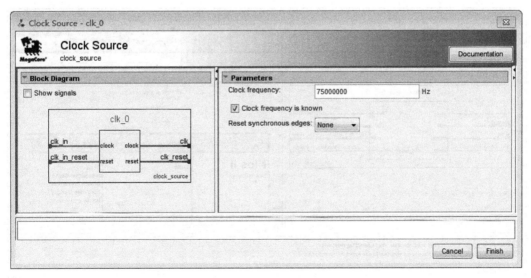

图 5.1.2　设定系统时钟

(4)在左边元件池中选择需要的元件：Nios Ⅱ 32 位 CPU、JTAG UART Interface、PIO、On-Chip Memoryram。首先添加 Nios Ⅱ 32 位 CPU，如图 5.1.3 所示，双击 Nios Ⅱ

Processor 或者选中后单击 Add 按钮，弹出如图 5.1.4 所示的 Nios Ⅱ Processor 设置对话框，分别在 Core Nios Ⅱ和 JTAG Debug Module 选项卡中选择 Nios Ⅱ/f 和 level 1，其他设置保持默认选项，单击 Finish 按钮后返回 Qsys 窗口，命名为 cpu，如图 5.1.5 所示。注意：对模块命名应遵循如下规则，名字最前面应该使用英文；能使用的字符只有英文字母、数字和"_"；不能连续使用"_"符号，名字的最后也不能使用"_"。

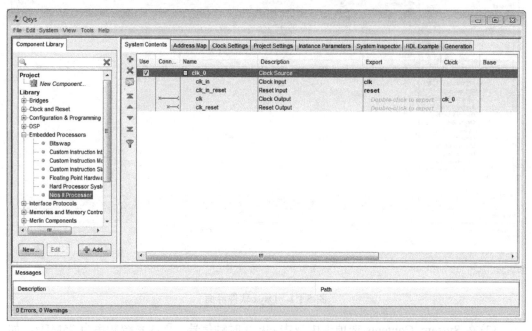

图 5.1.3　选择 Nios Ⅱ

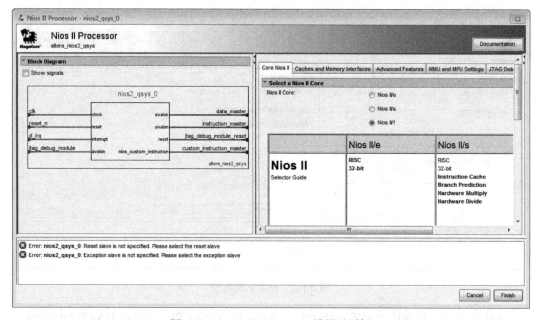

图 5.1.4　Nios Ⅱ Processor 设置对话框

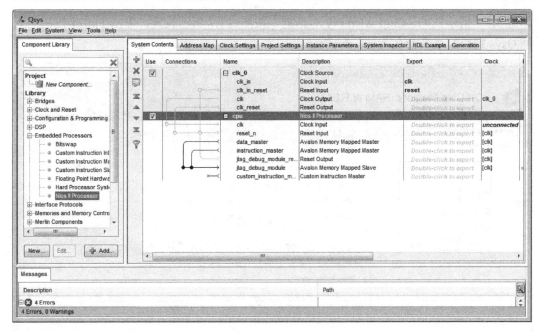

图 5.1.5 命名为 cpu

(5)添加 JTAG UART Interface，此接口为 Nios Ⅱ系统嵌入式处理器新添加的接口元件，通过它可以在 PC 主机和 Qsys 系统之间进行串行字符流通，它主要用来调试、下载数据等，也可以作为标准输出/输入来使用。在图 5.1.1 中选择 Interface Protocols→Serial 选项，双击 JTAG UART，弹出如图 5.1.6 所示的 JTAG UART 设置对话框，保持默认选项，单击 Finish 按钮后返回 Qsys 窗口，命名为 jtag_uart。

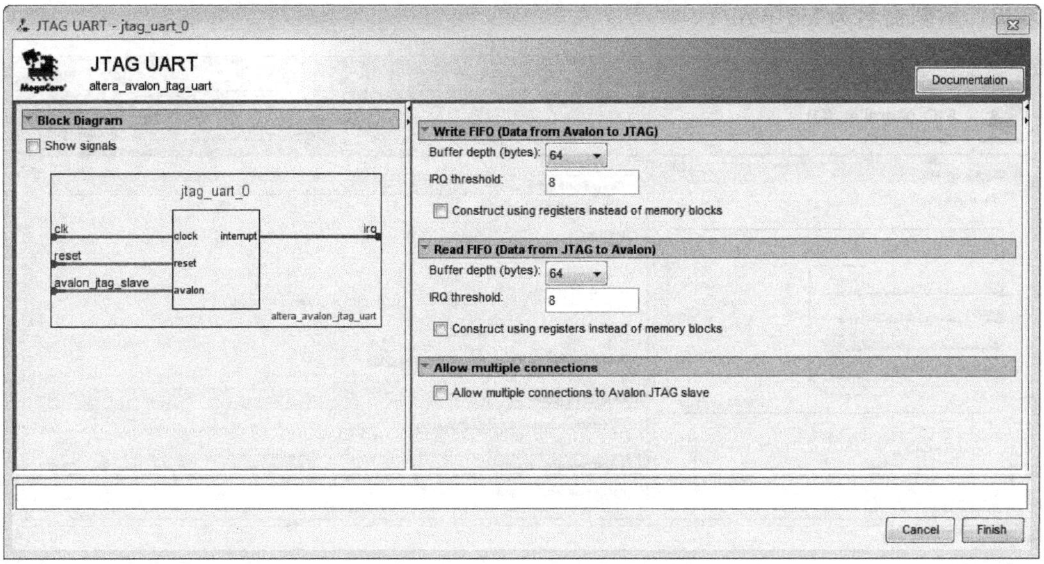

图 5.1.6 加入 jtag_uart

(6)添加内部 RAM，RAM 为程序运行空间，类似于计算机的内存。在图 5.1.1 所示的原件池中选择 Memories and Memory Controllers/On-Chip，双击 On-Chip Memory，弹出

如图 5.1.7 所示的 On-Chip Memory 对话框，按图 5.1.7 所示设置，单击 Finish 按钮后返回 Qsys 窗口，重新命名为 on_chip_ram。

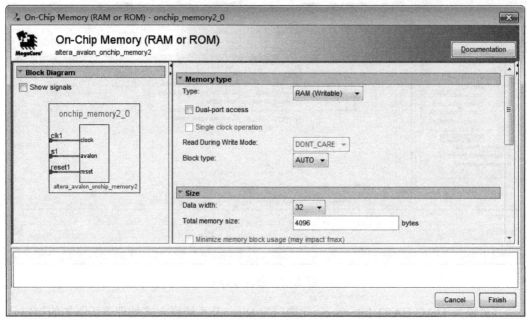

图 5.1.7　设置内部 RAM 作为系统内存

(7)加入 led_pio，此元件为 I/O 口，与单片机中的 I/O 口类似，用户可以根据需要配置设置选项。在图 5.1.1 中选择 Peripherals→Microcontroller Peripherals 菜单项，双击 PIO，弹出如图 5.1.8 所示的 PIO 对话框，选中 Output 单选按钮，单击 Finish 按钮后返回 Qsys 窗口，重新命名为 led_pio。

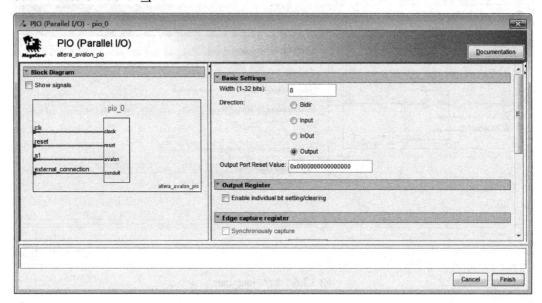

图 5.1.8　加入 led_pio

(8)添加 System ID。在之前的 SOPC Builder 中 System ID 是自动生成的，但是在 Qsys

中已经不会再自动生成了。在图 5.1.1 中搜索 System ID，双击 System ID Peripheral，弹出图 5.1.9 所示的配置向导页面，保持默认配置，单击 Finish 按钮后返回 Qsys 窗口，重新命名为 sysid。

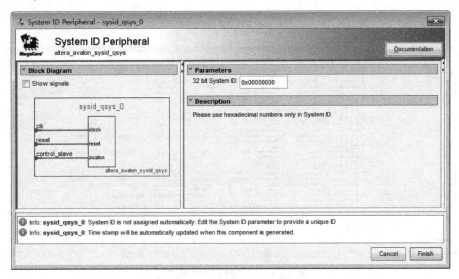

图 5.1.9　加入 System ID

（9）连接各组件。在之前的 SOPC Builder 版本中，添加完组件之后，SOPC Builder 会自动连接添加的组件，而在 Qsys 中，系统并不会自动连接添加的组件，需要用户手动连接数据和指令端口。连线规则：数据主端口连接存储器和外设元件，指令主端口只连接存储器元件。例如，存储类 IP 核，如 onchip_RAM 和 onchip_ROM 等，需要将其 Avalon Memory Mapped Slave 端口连接到 Nios Ⅱ处理器核的 data_master 和 instruction_master 端口上；如果是非存储类 IP 核，如 PIO 外设，或者是 System ID 和 JTAG UART 等，只需要将其 Avalon Memory Mapped Slave 端口连接到 Nios Ⅱ处理器核的 data_master 端口上即可，而时钟和复位端口，需要全部连接。各组件连接完毕页面如图 5.1.10 所示。

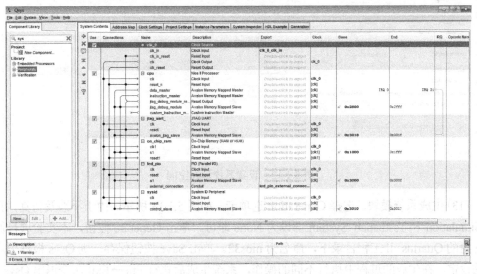

图 5.1.10　组件连接完毕页面

　　(10)设置输入/输出端口。本实验项目以图形化的方式完成设计,需要为生成的图形文件设置输入/输出端口。选中 System Contents 选项卡,分别在 clk_0 的 clk_in、clk_in_reset 和 led_pio 的 external_connection 的 Export 端口设置输入/输出引脚,如图 5.1.11 所示。

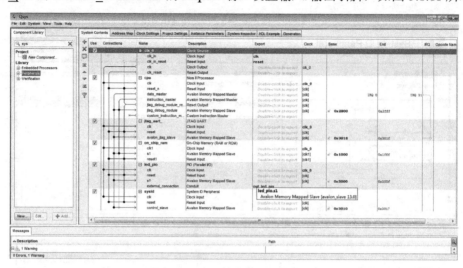

图 5.1.11　设置输入/输出端口

　　(11)指定基地址和分配中断号。Qsys 会给用户的 Nios Ⅱ系统模块分配默认的基地址和中断号,用户也可以更改这些默认地址和中断号。选择 System→Assign Base Address 菜单项配置默认基地址和中断号。

　　(12)系统设置。双击 cpu,弹出如图 5.1.12 所示的对话框,分别在 Reset vector memory 和 Exception vector memory 下拉框中选择 on_chip_ram。

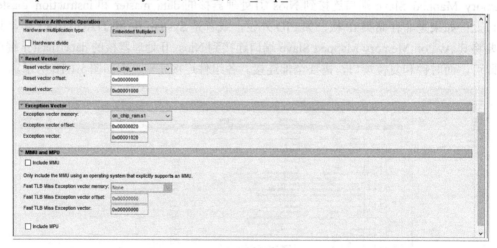

图 5.1.12　设置系统运行空间

　　(13)生成系统模块。选择 Generation 选项卡,如图 5.1.13 所示。由于不涉及仿真,我们将 Simulation 和 Testbench System 都设为 None 即可。单击 Generate 按钮,本实验项目保存在 F 盘的 Quartus Ⅱ工程目录下,命名为 nios32。单击 Save 按钮保存,则 Qsys 根据用户不同的设定,在生成的过程中执行不同的操作,系统生成后执行 File→Exit 命令退出 Qsys。

　　(14)将刚生成的模块以符号文件形式添加到 BDF 文件中。在 Qsys 生成的过程中，会生成系统模块的符号文件，可以将该符号文件像其他 Quartus Ⅱ符号文件一样添加到当前项目的 BDF 文件中。选择 File→New 菜单项，在弹出的对话框中选择 Block Diagram→Schematic File 选项创建图形设计文件，单击 OK 按钮。在图形设计窗口中双击，或者右击，在弹出的快捷菜单中选择 Insert→Symbol 选项，弹出如图 5.1.14 所示的窗口，添加 nios32。双击空白处，在弹出的对话框中单击 Libraries 打开 Project 目录，双击或者选中 nios32 后单击 OK 按钮，保存设计文件名为 pipeline_light。

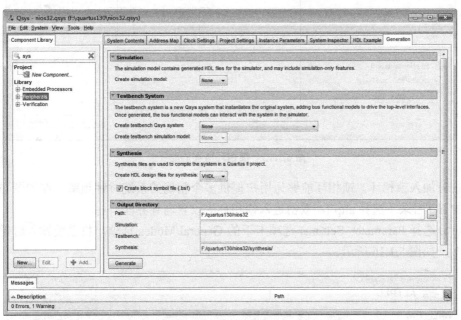

图 5.1.13　生成系统模块

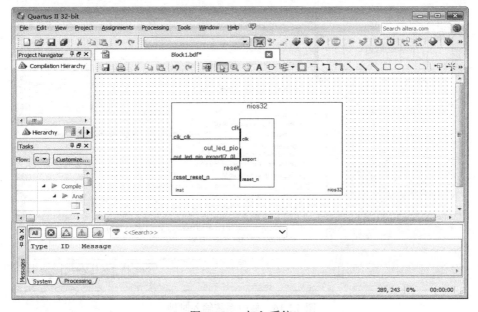

图 5.1.14　加入系统

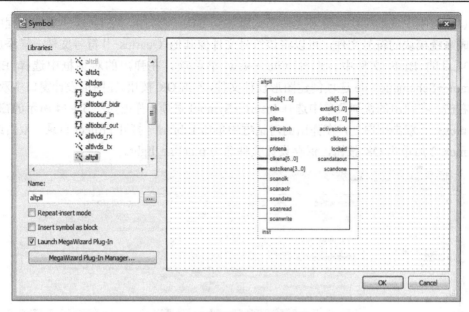

图 5.1.15　锁相环所在的路径

（15）加入锁相环。锁相环能够为用户提供多个精确的系统时钟频率。在如图 5.1.15 所示的 I/O 目录下选择 altpll，双击进入锁相环的设置向导界面。

（16）选择 Parameter Settings 选项卡下的 General/Modes 选项，将系统输入时钟改为 50MHz，如图 5.1.16 所示。

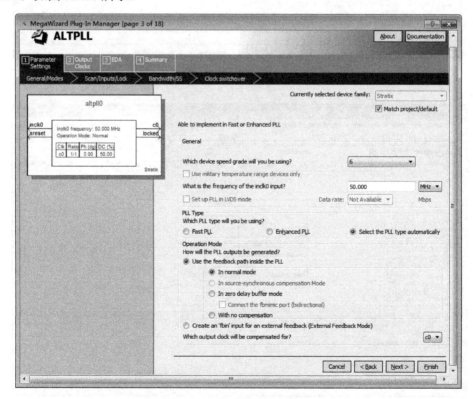

图 5.1.16　修改系统输入时钟

(17)选择 Parameter Settings 选项卡下的 Scan/Inputs/Lock 选项，取消选中 Create an 'areset' input to asynchronously reset the PLL 和 Create 'locked' output 复选框，取消多余输入/输出端口，如图 5.1.17 所示。

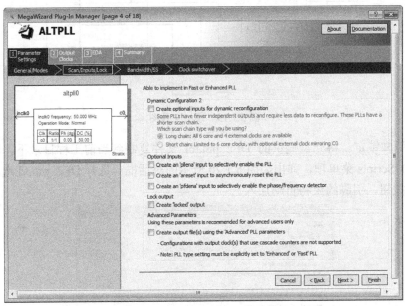

图 5.1.17　取消多余输入/输出端口

(18)选择 Output Clocks 选项卡下的 clk c0 选项，将 Enter output clock parameters 选项中的 Clock multiplication factor 和 Clock division factor 取值分别设为 3 和 2，设置输出时钟倍数关系，如图 5.1.18 所示，其他设置保持默认选项。

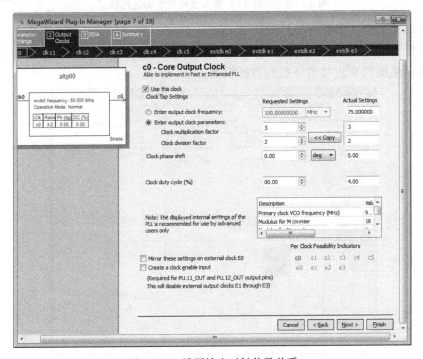

图 5.1.18　设置输出时钟倍数关系

(19)如图 5.1.19 所示，添加和连接各个模块。

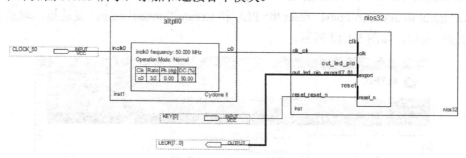

图 5.1.19　顶层文件图

(20)引脚锁定。将光盘提供的 DE2_pin.tcl 文件复制到当前工程目录下，然后选择 Tools→Tcl Scripts 菜单项，弹出如图 5.1.20 所示的对话框。选择 DE2_pin.td 选项，然后单击 Run 按钮，引脚约束将自动加入。

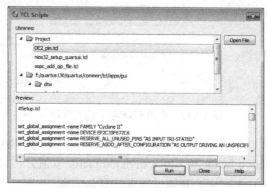

图 5.1.20　运行 TCL 脚本文件对引脚进行锁定

(21)编译工程。选择 Processing→Start Compilation 菜单项对工程进行编译。

(22)配置 FPGA。选择 Tools→Programmer 菜单项，按图 5.1.21 所示设置后单击 Start 按钮将编译生成的 SOF 文件下载到目标板上。

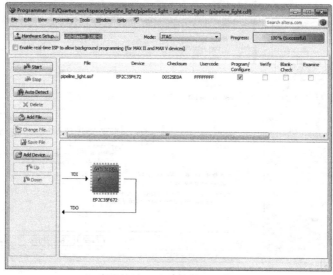

图 5.1.21　下载配置文件

2)软件设计

(1)打开 Nios Ⅱ 13.0 IDE，首先弹出的是 Workspace Launcher 页面，为方便工程的管理，本实验将 Nios Ⅱ工程文件放在 Quartus Ⅱ工程项目 pipeline_light 的 software 文件夹中，如图 5.1.22 所示。

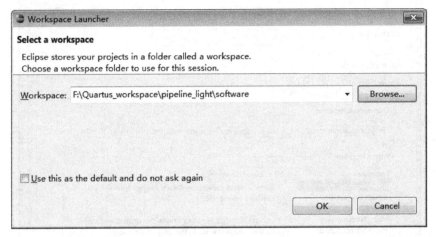

图 5.1.22　添加新工程

(2)设置好工作空间后，单击 OK 按钮进入 Nios Ⅱ 13.0 软件编辑页面，选择 File→New→Nios Ⅱ Application and BSP from Template 菜单项，如图 5.1.23 所示。

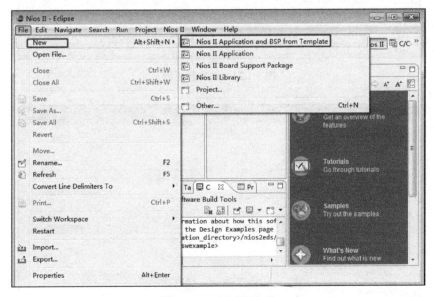

图 5.1.23　创建源文件

(3)在 Target hardware information 区域中的 SOPC Information File name 框中选择 nios32.sopcinfo 文件，在 Templates 区域选择 Blank Project 模板，如图 5.1.24 所示。

(4)在工程窗口中选择 pipeline_light 并右击，在弹出的快捷菜单中选择 New→Source File 选项创建源文件，如图 5.1.25 所示。单击 Finish 按钮返回编写代码。

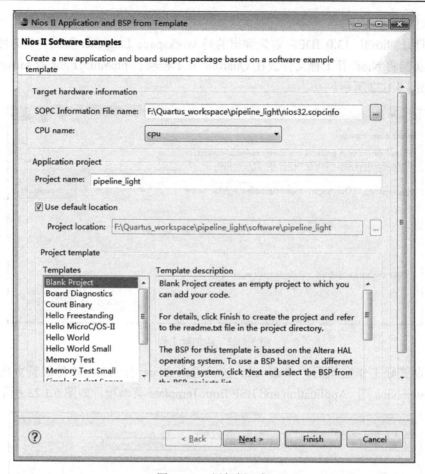

图 5.1.24　添加新工程

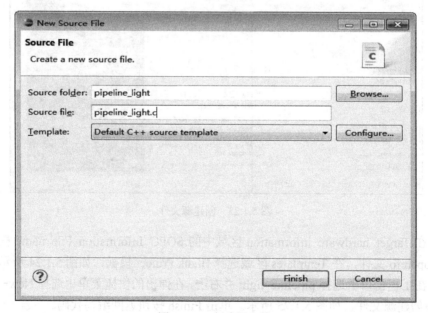

图 5.1.25　创建源文件

（5）右击工程 pipeline_light，在弹出的快捷菜单中选择 Nios→BSP Editor 选项，按图 5.1.26 进行设置，修改系统库的属性，单击 Generate 按钮，再单击 Exit 按钮退出。本实验利用片上存储器，容量只设置了 4KB，为了节省内存空间，需勾选 enable_reduced_device_drivers、enable_small_c_library 这两个复选框，但是系统库属性应根据具体应用项目具体分析设置。

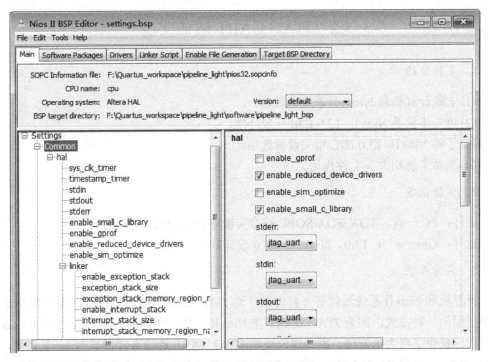

图 5.1.26　系统库属性设置

（6）右击工程，选择 Build Project 选项，弹出如图 5.1.27 所示的窗口。

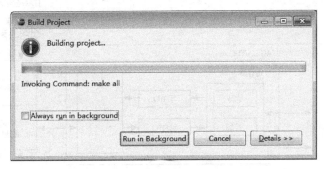

图 5.1.27　编译软件工程

（7）单击 Save 保存，在 IDE 界面，右击 pipeline_light 工程，选择 Run As→Nios Ⅱ Hardware 选项，系统会自动探测 JTAG 连接电缆。在 Main 选项卡的 Project 中选择刚才建立的工程 pipeline_light，在 Target Connection 选项卡中选择要使用的下载电缆。这里选择 USB-Blaster [USB-0]。其他设置保持默认选项，单击 Run 按钮后可在目标板上观察到 LED 灯循环点亮状态，到此一个简单的流水灯控制就完成了。

6. 实验结果

分析实验结果，判断电路的逻辑功能是否满足设计要求；对调试中遇到的问题及解决方法进行分析总结。对设计源程序、仿真波形、引脚分配情况、封装后的元件符号等进行截图，完成实验报告。

5.2　JTAG UART 通信实验

1. 实验目的

(1)实现计算机和 Nios Ⅱ系统的通信。
(2)进一步熟悉 NiosⅡ 13.0 IDE 开发环境。
(3)了解 NiosⅡ 13.0 IDE 相关设置选项。
(4)简单了解相关头文件作用。

2. 实验设备

硬件：PC 一台，TDX-EDA/SOPC 综合实验平台或 DE2 开发板。
软件：Quartus Ⅱ 13.0，Nios Ⅱ 13.0 设计软件。

3. 实验原理

计算机和 NiosⅡ系统通信有多种方式，而 JTAG UART 通信是在 NiosⅡ系统中非常容易使用的一种方式，因为 JTAG UART 在 NiosⅡ中是一个标准的输入/输出设备，这为调试程序提供了极大的方便，因此建议使用 JTAG UART 通信方式调试 Nios Ⅱ系统，而系统(设备)间使用 RS-232 串口通信，JTAG UART 通信和 RS232 串口通信非常类似，只是它使用的是 JTAG 接口，其通信方式如图 5.2.1 所示。

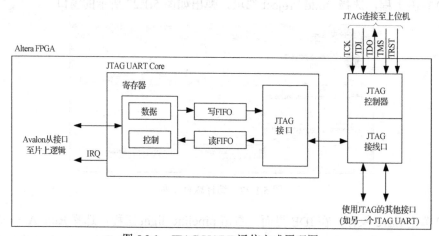

图 5.2.1　JTAG UART 通信方式原理图

4. 实验内容

在 Nios Ⅱ 13.0 IDE 的控制台窗口显示字符串。

5. 实验步骤

本实验具体的步骤不再做详细介绍，只在关键的地方解释说明，这个实验在 5.1 节实验的基础上又加入了 SDRAM 作为系统程序运行空间，所以介绍一下在 Qsys 中加入 SDRAM 的详细过程。

1）在 Qsys 中加入 SDRAM

（1）在 Qsys 窗口中，选择 Memories and Memory Controllers→External Memory Interfaces/SDRAM Interfaces→SDRAM Controller 菜单项，再双击 SDRAM Controller，弹出 SDRAM 参数设置对话框。在 Data Width 区域的 Bits 下列表框中选择 16；Chip select 下拉列表框中选择 1；Banks 下拉列表框中选择 4；Row 文本框中键入 12，Coloum 文本框键入 8，设置好后如图 5.2.2 所示。

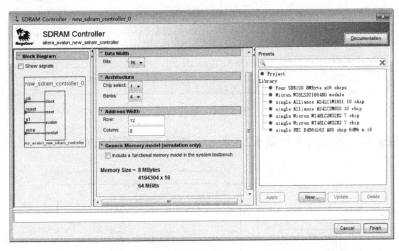

图 5.2.2　SDRAM 参数设置对话框-Memory Profile 选项卡

（2）单击 Next 按钮，在弹出的对话框中设置时序参数，如图 5.2.3 所示。设置好后如图 5.2.4 所示，单击 Generate 按钮生成 CPU。

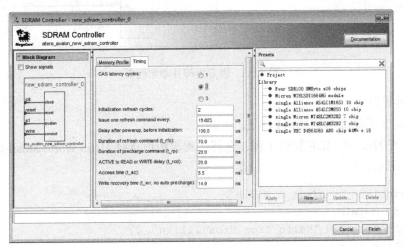

图 5.2.3　SDRAM 参数设置对话框-Timing 选项卡

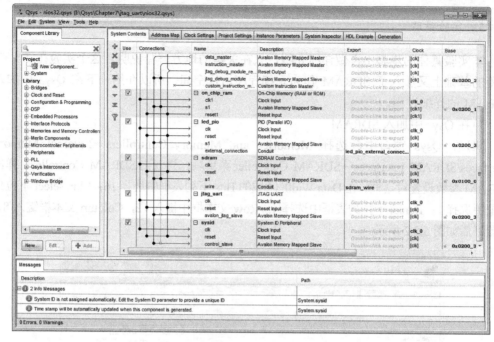

图 5.2.4　系统构架

(3)连接引脚，添加约束如图 5.2.5 所示，编译后配置到 FPGA 中。

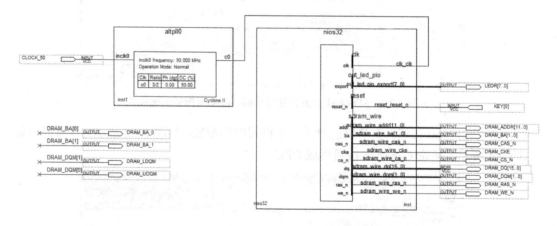

图 5.2.5　锁定引脚并添加约束

2)软件设计

从 Nios II 系统输出信息到 PC 上。

(1)打开 Nios II IDE 新建工程，选择工程模板时选择 Hello World Small 这个模板，如图 5.2.6 所示。

```
#include "sys/alt_stdio.h"
int main(){
Alt_putstr ("Hello from Nios II! \n");
While (1);
return 0;}
```

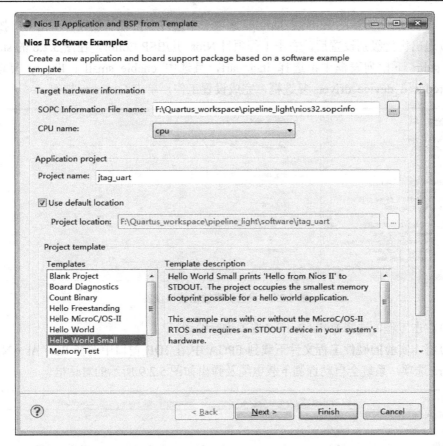

图 5.2.6 新建 Nios Ⅱ工程

(2)右击工程，在弹出的快捷菜单中选择 Properties 选项，再在弹出的对话框中选择 C/C++ Build 选项，如图 5.2.7 所示。

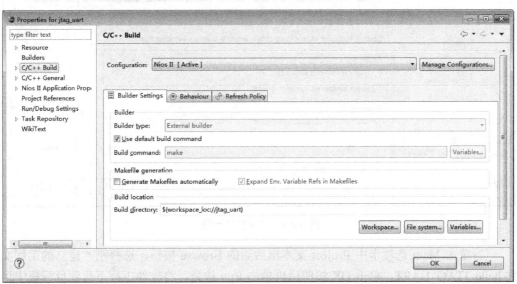

图 5.2.7 设置编译优化级别

（3）在图 5.2.7 所示的 Builder Settings 选项卡中选择保持默认设置，单击 OK 按钮。

（4）退出优化级别设置后，右击工程项目 Nios Ⅱ/BSP Editor，在图 5.2.8 的 stdout、stderr、stdin 下拉列表框中都选择 jtag_uart，且选中 enable_small_c_library 复选框和 enable_reduced_device_drivers 复选框，完成设置工作，单击 Generate 按钮。

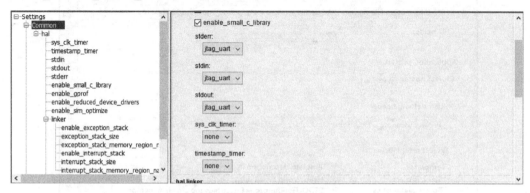

图 5.2.8　设置标准输出接口设备

（5）右击工程，选择 Build Project 选项进行编译。

（6）将本实验的硬件工程文件下载到 FPGA 中，在 IDE 窗口中选择 Run As→Nios Ⅱ Hardware 选项，系统会自动探测下载电缆及弹出如图 5.2.9 所示的对话框。

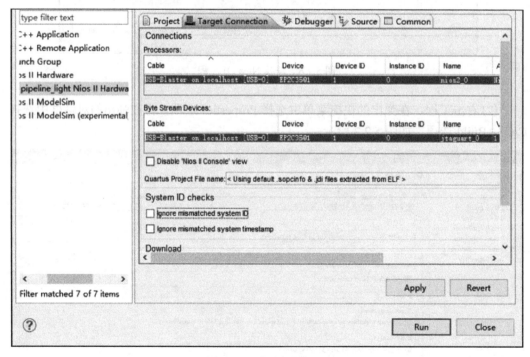

图 5.2.9　自动探测电缆

（7）单击 Main 选项卡中 Project 文本框后面的 Browse 按钮，选择刚才建立的工程文件 hello_JTAG_UART，单击 OK 按钮后再单击 Run 按钮，将软件工程下载到目标板中运行；然后在用户的控制台（Console）上就会显示出"Hello from Nios Ⅱ！"。

从 PC 输出给 Nios Ⅱ系统。

①把上面工程的 C 语言运行程序更改为如下代码：

```c
#include<stdio.h>
#include "system.h"
#include "altera_avalon_pio_regs.h"
#include "alt_types.h"
#define static voidTestLED( void );
Static voidTestLED( void )
{
    alt_u8 led = 0x2;
    alt_u8 dir = 0;
    int j;
    volatileint i;
    for (j=0;j<100;j++)
    {
        if (led & 0x81)
        {
            dir = (dir ^ 0x1);
        }
        if (dir)
        {
            led = led >> 1;
        }
        else
        {
            led = led << 1;
        }
        IOWR_ALTERA_AVALON_PIO_DATA(LED_PIO_BASE, led);
        i = 0;
        while (i<200000)
        i++;
    }
    return;
}
Int main()
{
    Staticint ch = 97;
    printf("------------------------------------------\n");
    printf("Please input characters in console: \n");
    printf("'g':runleds \n");
    printf("Other characters except 'g':nothing to do \n");
    printf("'q':exit \n");
    printf("------------------------------------------\n");
    while((ch = getchar())!='q')
    {
        if(ch=='g')
        {
```

```
                 printf("LEDs begin run...\n");
                 TestLED();
                 printf("LEDs run over.\n");
            }
        }
    return 0;
    }
```

②这里先简单介绍一下各头文件的作用：stdio.h 头文件包含了标准输入、输出及错误函数库；system.h 头文件描述了每个设备并给出了以下一些详细信息：设备的硬件配置、基地址、中断优先级、设备的符号名称，用户不需要编辑 system.h 文件，此文件由 HAL 系统库自动生成，其内容取决于硬件配置和用户在 IDE 中设置的系统库属性；altera_avalon_pio_regs.h 头文件是用 I/O 口与高层软件之间的接口文件，IOWR_ALTERA_AVALON_PIO_DATA(LED_PIO_BASE,led) 函数就是在此文件中定义的，此函数的功能为将数值(led)赋给以 LED_PIO_BASE 为基地址的用户自定义的 I/O 口上，也就是将 led 这个值赋给硬件中 LED 灯所接的 FPGA 引脚上；alt_types.h 头文件定义了数据类型，如表 5.2.1 所示。

表 5.2.1　数据类型

类型	说明	类型	说明
alt_8	有符号 8 位整数	alt_u16	无符号 16 位整数
alt_u8	无符号 8 位整数	alt_32	有符号 32 位整数
alt_16	有符号 16 位整数	alt_u32	无符号 32 位整数

③右击工程，在弹出的快捷菜单中选择 System Library Properties 选项，再在弹出的对话框的左边列表中选择 System Library，取消选择 enable_small_c_library 复选框，如图 5.2.10 所示。

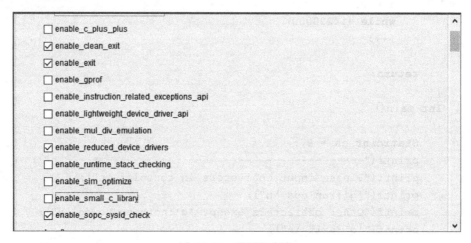

图 5.2.10　设置包含库

④其他设置不变，编译后下载到目标板上。当在控制台窗口输入 g 时，目标板上的 LED 灯就会出现循环灭的现象。

6. 实验结果

分析实验结果，判断电路的逻辑功能是否满足设计要求；对调试中遇到的问题及解决方法进行分析总结。对设计源程序、仿真波形、引脚分配情况、封装后的元件符号等进行截图，完成实验报告。

5.3　带 SDRAM 模块的 Nios Ⅱ系统实验

1. 实验目的

(1)熟悉 Nios Ⅱ软核处理器的系统结构。
(2)了解系统自启动流程。
(3)熟悉使用 Qsys 建立带 SDRAM 的系统。

2. 实验设备

硬件：PC 一台，TD-EDA/SOPC 综合实验平台或 DE2 开发板。
软件：Quartus Ⅱ 13.0，Nios Ⅱ 13.0 设计软件。

3. 实验原理

由于 Nios 中的 On-Chip Memory 已经无法满足程序的规模，必须放到板上的 SDRAM(内存)中运行，但是 SDRAM 的控制确实复杂。Nios 中的控制器可以很好地解决这些问题。参考 SDRAM 的资料，在 SOPC 中设计一个和我们需要用的 SDRAM 时序一样的控制器，正确地连接 Nios 与外部 SDRAM 的连线，即可很好地实现 SDRAM 的驱动。

4. 实验内容

在 Qsys 设计平台生成需要的处理器，利用 Nios 内部的 SDRAM 控制器，方便地实现 SDRAM 的驱动。

5. 实验步骤

(1)运行 Quartus Ⅱ 13.0 软件，建立新工程，工程名称及顶层文件名称为 SDRAM。
(2)选择 File→New 菜单项，创建图形设计文件 SDRAM.bdf，打开图形编辑器界面。
(3)选择 Tools→Qsys 菜单项，启动 Qsys 工具。默认有一个时钟，为芯片共用，右击它并选择 Rename 选项，重命名为 clk_50。
(4)在 Qsys 元件模拟池搜索栏输入 nios，在搜索结果中选择 Nios Ⅱ Processors，此处选择快速型(f)，其他保持默认配置，重命名为 cpu。
(5)按照步骤(4)的方法添加 SDRAM Controller，按照图 5.3.1 和图 5.3.2 设置 SDRAM Controller，并重命名为 sdram。

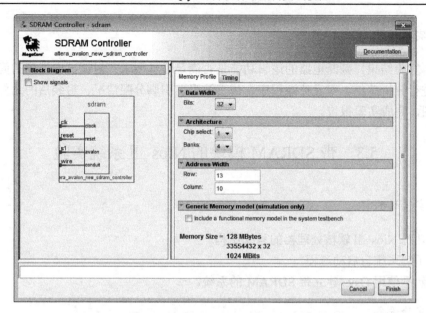

图 5.3.1　SDRAM Controller 对话框-Memory Profile 选项卡

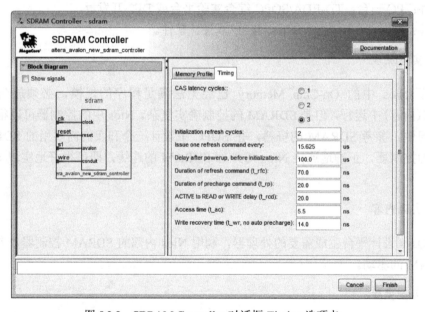

图 5.3.2　SDRAM Controller 对话框-Timing 选项卡

（6）按照相同的方法添加 JTAG UART，在弹出的设置页面中保持默认设置，单击 Finish 按钮，并重命名为 jtag_uart。

（7）按照相同的方法添加 System ID，在弹出的设置页面中保持默认设置，单击 Finish 按钮，并重命名为 sysid。

（8）单击 System 下的 Run SOPC Builder to Qsys to Qsys upgrade 选项完成基本连线。

（9）完成基本连线后还需要手动连接，需要手动连接的主要有每个器件的时钟、非存储器类的数据总线接口、存储器类器件的数据总线接口和指令总线接口、中断接口。连接后配置图如图 5.3.3 所示。

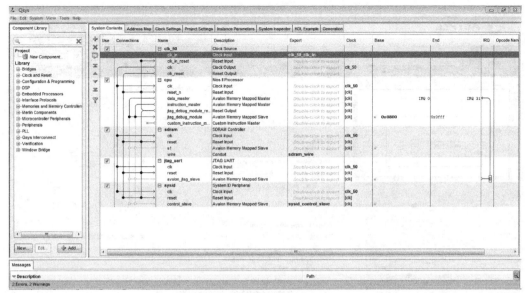

图 5.3.3　连接后配置图

（10）双击 cpu，修改其中的异常向量地址（Exception vector memory）和复位地址（Reset vector memory）为 sdram。选择 System 菜单中的 Assign Base Addresses 选项，对系统的基地址和中断进行重新分配。如图 5.3.4 所示，显示了最终的系统配置及其地址映射。

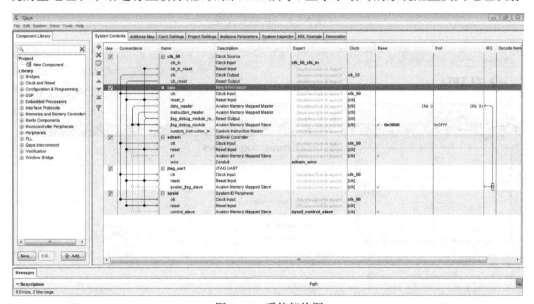

图 5.3.4　系统架构图

（11）选择 System Generation 选项，在 Qsys 生成页中选中 VHDL 选项。单击 Generate 按钮生成硬件系统文件。在弹出的对话框中命名为 Nios，退出 Qsys。

（12）在顶层文件中，加入 Nios 模块。

（13）以相同的方法打开插入符号窗口，单击左下方的 MegaWizard Plug-in manager 按钮添加 pll。在弹出的设置框中分别按照图 5.3.5～图 5.3.7 设置 pll，最后单击 Finish 按钮。

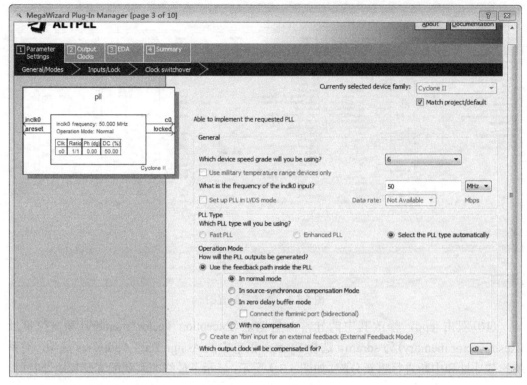

图 5.3.5　pll 参数设置

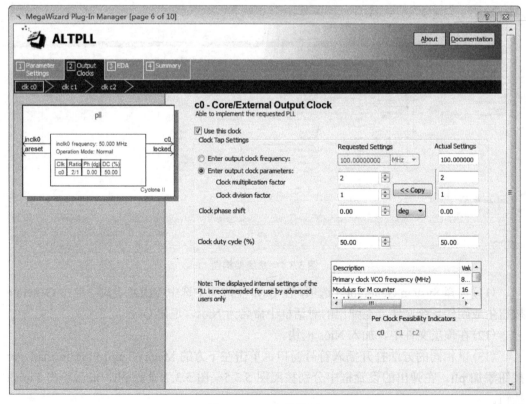

图 5.3.6　c0 参数设置

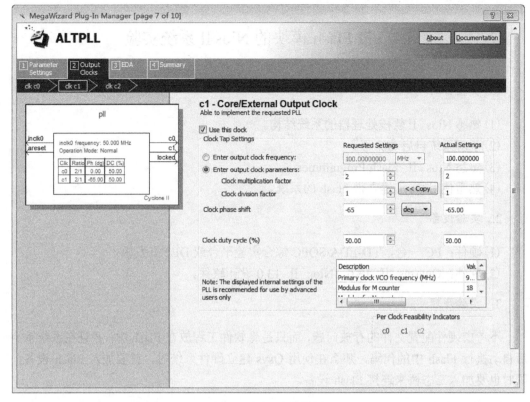

图 5.3.7　c1 参数设置

(14)在图形编辑窗口中添加 pll，将 pll 的 c0 输出连接到 cpu 的时钟输入窗口，分别右击 pll 和 cpu 两个模块，选择 Generate Pins for Symbol Ports 选项。

(15)按照用户手册修改引脚名称，以便导入引脚配置，配置完成后进行编译。

(16)选择 Assignments 下的 Pin Planner 选项添加引脚，添加完成后保存并编译工程。

(17)生成硬件文件，并下载到 FPGA 中。

(18)运行 Nios Ⅱ 13.0 IDE 软件开发环境，选择 File→New/C/C++ Application 菜单项，建立新工程。在 Nios Ⅱ 13.0 IDE 新工程向导的 Name 文本框中填入软件工程的名称 SDRAM；在 Qsys 中选择硬件配置文件(PTF 文件)所在的目录；在 Select Project Template 中选择使用的模板 Blank Project，完成后单击 Finish 按钮进行编译、运行。

(19)右击工程项目，选择 New→Source File 选项，新建文件 sdram.C，在 Nios Ⅱ IDE 文本编辑器中编写源程序。

(20)程序编写完成后，选择工程文件，右击并选择 Build Project 选项对工程进行编辑。

(21)对程序进行编译运行后，在 Console 窗口中可以看到程序运行结果，也可在开发板上看到结果。

6.　实验结果

分析实验结果，判断电路的逻辑功能是否满足设计要求；对调试中遇到的问题及解决方法进行分析总结。对设计源程序、仿真波形、引脚分配情况、封装后的元件符号等进行截图，完成实验报告。

5.4　带 Flash 模块的 Nios II 系统实验

1. 实验目的

(1) 熟悉 Nios II 软核处理器的系统结构。
(2) 了解系统自启动流程。
(3) 熟悉 Nios II Flash Programmer。
(4) 熟悉使用 Qsys 建立带 Flash 的系统。

2. 实验设备

(1) 硬件：PC 一台，TD-EDA/SOPC 综合实验平台或 DE2 开发板。
(2) 软件：Quartus II 13.0，Nios II 13.0 设计软件。

3. 实验原理

不考虑硬件配置文件的存放问题，而只是将软件工程放在 Flash 中，并且在系统重启后自动执行 Flash 中的代码，那么在使用 Qsys 建立硬件系统时，就要加入 Flash 设备，同时也要加入三态桥来连接 Flash 设备。

4. 实验内容

利用 Qsys 生成需要的硬件系统，并建立一个简单的计数程序，下载到 Flash 中，使系统重新上电后验证自启动。

5. 实验步骤

(1) 运行 Quartus II 13.0 软件，建立新工程，工程名称及顶层文件名称为 sopc。
(2) 选择 File→New 菜单项，创建图形设计文件 sopc.bdf，打开图形编辑器界面。
(3) 选择 Tools→Qsys 菜单项，启动 Qsys 工具。
(4) 在 5.3 节的硬件结构中再加上 Flash Memory 和 EPCS Serial Flash Controller 模块。在 Quartus II 13.0 中已经不能像之前版本那样在 Avalon 模块中选择 Memories and Memory Controllers 下的 Flash Memory (CFI)，Quartus II 13.0 中在 Qsys Interconnect/Tri-State Components/Generic Tri-State Controller 里添加 Flash 存储器。
(5) 在如图 5.4.1 所示的 Flash 存储器设置向导的 Address width 文本框中键入 22、Data width 文本框中键入 8。
(6) 选择 Flash 存储器设置向导的 Signal Timing 选项卡，在如图 5.4.2 所示的 Flash 存储器时序设置向导中，Setup time 文本框中填入 40，Read wait time 和 Write wait time 文本框中都填入 160，Data hold time 文本框中填入 40，单击 Finish 按钮完成 Flash 的设置，返回 Qsys 窗口，命名为 flash。
(7) 选择 System 菜单中的 Assign Base Addresses 选项，对系统的基地址和中断进行重新分配。如图 5.4.3 所示，显示了最终的系统配置及其地址映射。

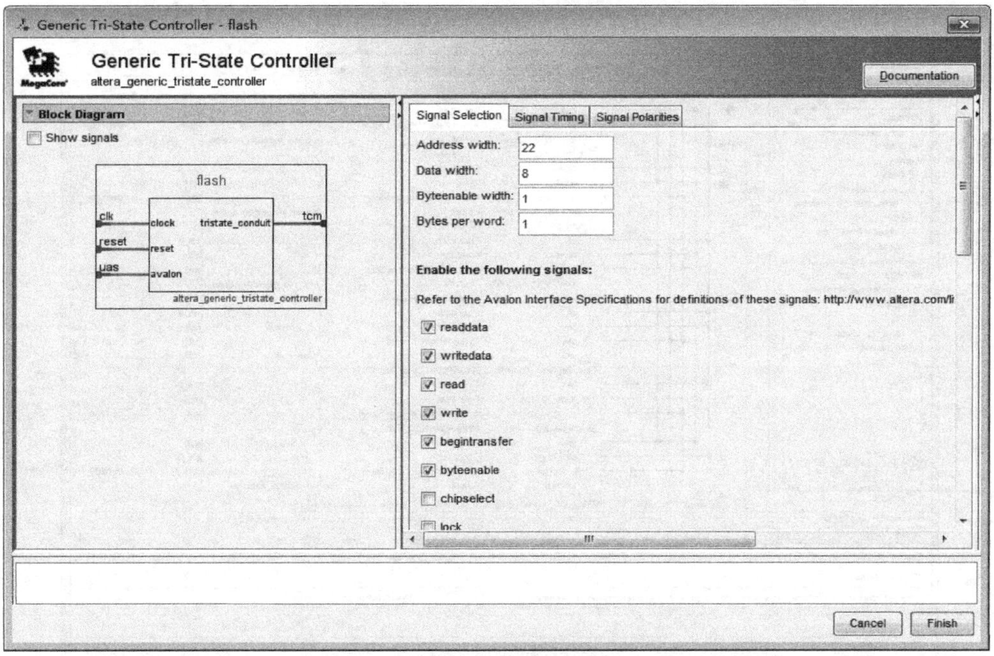

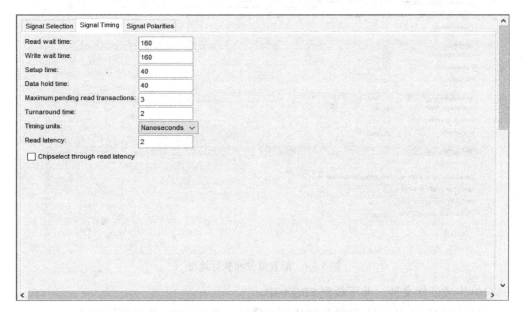

图 5.4.1 Flash 存储器设置向导

图 5.4.2 Flash 存储器时序设置向导

(8) 对系统进行进一步的设置，系统的复位地址 Reset vector memory 指定为 flash，执行地址 Exception vector memory 指定为 sdram，如图 5.4.4 所示。选择 System Generation 选项，在 Qsys 生成页中选中 VHDL 选项，单击 Generate 按钮生成硬件系统文件。

(9) 建立顶层文件，加入 nios32 及 pll，连接引脚，在 Assignments 下的 Device 页面，单击 Device and Pin Options 选项，在弹出的对话框中选择 Dual-Purpose Pins 子页面，将 nCEO 设置为 Use as regular I/O，运行引脚锁定文件，编译工程。

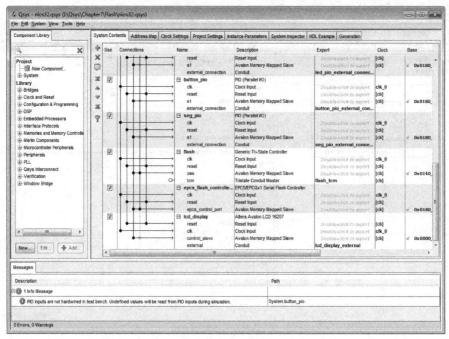

图 5.4.3　硬件架构

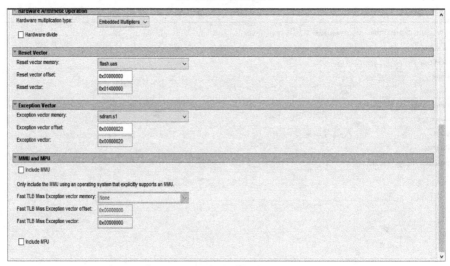

图 5.4.4　配置复位和执行地址

(10) 生成硬件文件，并下载到 FPGA 中。

(11) 运行 Nios Ⅱ IDE 软件开发环境，建立一个 Counter 软件控制程序。

(12) 编译此程序，通过后下载到实验板上验证一下。

(13) 验证成功后，在工程文件右击并选择 Nios Ⅱ→Flash Programmer 选项，选择刚刚建立的软件系统，同样，系统会自动检测电缆。

(14) 在 Flash Programmer 页面下找到刚刚建立的软件工程，将 FPGA 配置文件下载到 Flash 中，运行程序。

在目标连接栏下选择所使用的电缆，然后单击 Programmer Flash 选项进行编程。如果在控制台上有如下输出，则说明下载操作成功，其中，整个过程大概 20s。

```
#!/bin/sh
#
# This file was automatically generated by the Nios II IDE Flash Programmer.
#
#It will be overwritten when the flash programmer options change.
#
cd D:/Flash/software/count_flash/Debug
#Creating .flash file for the FPGA configuration
"$SOPC_KIT_NIOS2/bin/sof2flash"  --offset=0xC00000  --input="D:/Flash/
sopc.sof" --
output="sopc.flash"
Info: ************************************************************
Info: Running Quartus II Convert_programming_file
Info: Command: quartus_cpf --no_banner --convert D:/Flash/sopc.sof
sopc.rbf
Info: Quartus II Convert_programming_file was successful. 0 errors,
0 warnings
    Info: Peak virtual memory: 53 megabytes
    Info: Processing ended: Wed Dec 30 17:15:50 2009
    Info: Elapsed time: 00:00:00
    Info: Total CPU time (on all processors): 00:00:01
# Programming flash with the FPGA configuration
"$SOPC_KIT_NIOS2/bin/nios2-flash-programmer" --base=0x00000000 "sopc.flash"
Using cable "USB-Blaster [USB-0]", device 1, instance 0x00
Resetting and pausing target processor: OK
Input file is too large to fit (device size = 0x400000)
Leaving target processor paused
# Creating .flash file for the project
"$SOPC_KIT_NIOS2/bin/elf2flash"  --base=0x00000000  --end=0x3fffff
--reset=0x0 --i
nput="count_flash.elf"  --output="cfi_flash.flash"  --boot="C:/altera/
80/ip/nios2_
ip/altera_nios2/boot_loader_cfi.srec"
# Programming flash with the project
"$SOPC_KIT_NIOS2/bin/nios2-flash-programmer" --base=0x00000000   "cfi_
flash.flash"
Using cable "USB-Blaster [USB-0]", device 1, instance 0x00
Resetting and pausing target processor: OK
             : Checksumming existing contents
00000000     : Reading existing contents
00002000     : Reading existing contents
00004000     : Reading existing contents
00006000     : Reading existing contents
00008000     : Reading existing contents
0000A000     : Reading existing contents
0000C000     : Reading existing contents
Checksummed/read 7kB in 0.1s
00000000 ( 0%): Erasing
00002000 (14%): Erasing
```

```
00004000 (28%): Erasing
00006000 (42%): Erasing
00008000 (57%): Erasing
0000A000 (71%): Erasing
0000C000 (85%): Erasing
Erased 56kB in 2.8s (20.0kB/s)
00000000 ( 0%): Programming
00002000 (14%): Programming
00004000 (28%): Programming
00006000 (42%): Programming
00008000 (57%): Programming
0000A000 (71%): Programming
0000C000 (85%): Programming
Programmed 50KB +6KB in 1.1s (50.9KB/s)
Device contents checksummed OK
Leaving target processor paused
```

（15）将软件下载到 Flash 后，接下来再将 Nios Ⅱ的硬件 led.pof 文件加载到 EPCS 芯片中。将系统断电后上电，系统就能够自动启动，板上状态灯的使用可以参考前面实验部分，用户可以自行编写其他程序来验证从 Flash 中加载软、硬件。

6. 实验结果

分析实验结果，判断电路的逻辑功能是否满足设计要求；对调试中遇到的问题及解决方法进行分析总结。对设计源程序、仿真波形、引脚分配情况、封装后的元件符号等进行截图，完成实验报告。

5.5　基于 Avalon 总线的 PWM 组件实验

1. 实验目的

（1）了解 Nios Ⅱ软核处理器的系统结构。
（2）了解用户自定制 Avalon 从外设的设计过程。
（3）了解基于 Nios Ⅱ处理器的程序设计过程。

2. 实验设备

硬件：PC 一台，TD-EDA/SOPC 综合实验平台或 DE2 开发板，示波器一台。
软件：Quartus Ⅱ 13.0，Nios Ⅱ 13.0 设计软件。

3. 实验原理

1）Avalon 总线

Avalon 总线规范定义了主端口和从端口之间通过 Avalon 总线模块传输数据所需要的信号和时序。构成 Avalon 总线模块和外设之间接口的信号随着传输模式的不同而不同。首先，主传输与从传输的接口不同，使得主端口和从端口的信号定义也不同。此外，通过系统 PTF 文件的设置，所需信号的确切类型与数量也是可变的。

Avalon 总线规范不要求 Avalon 外设必须包括哪些信号，它只定义了外设可以包含的各种信号类型（如地址、数据、时钟等）。外设的每一个信号都要指定一个有效的 Avalon 信号类型，以确定该信号的作用。Avalon 信号分为主端口信号和从端口信号两类，外设使用的信号类型由端口的主/从角色来决定，每个单独的主端口或从端口使用的信号类型由外设的设计决定。Avalon 三态从端口信号如表 5.5.1 所示。

表 5.5.1　Avalon 三态从端口信号

信号类型	宽度/位	方向	说明
clk	1	输入	SOPC 系统模块和 Avalon 总线模块的全局时钟信号
reset	1	输入	全局复位信号功能的实现取决于外设
address	1~32	输入	来自 Avalon 总线模块的地址线
chipselect	1	输入	从端口的片选信号。当 chipselect 信号无效时，从端口必须忽略所有的 Avalon 信号输入
address	1~32	输入	来自 Avalon 总线模块的地址线。Address 总是包含字节地址值
data	8,16,32	双向	用于读或写传输到 Avalon 总线模块上的数据线。若使用该信号，则 read 或 write 信号也必须使用。提供 data 端口时便定义了一个 Avalon 三态外设
read	1	输入	从端口的读请求信号。当从端口不输入数据时不需要该信号
outputenable	1	输入	片外设备只能在 outputenable 信号有效时驱动有效的数据。对于无延迟的从外设，它等同于 read 信号
write	1	输入	从端口的写请求信号。当从端口不接收数据时不需要该信号
byteenable	1,2,3,4	输入	字节使能信号。在访问宽度超过 8 位的存储器时使能特定的字节段。该功能的实现取决于外设
write byteenable	1,2,3,4	输入	write 和 byteenable 信号的逻辑与。对于某些特定类型的存储外设，特别是片外 SRAM，是有用的控制信号
irp	1	输出	中断请求。当从外设需要主外设服务时可触发 irq
begin transfer	1	输出	在每个新的 Avalon 总线传输的第一个总线周期期间有效。该用途取决于外设

2）基于 Avalon 总线的外设

Nios Ⅱ 包括一个常用外围设备及接口库，这个库在 Altera FPGA 中可以免费使用。对于只使用系统模块内部外设的系统，用户不必考虑 Avalon 外设连接 Avalon 总线的细节。然而，大多数系统需要连接片外的存储器设备。用户必须手工将系统模块外的外设（包括片外设备）连接到 Avalon 总线端口。此外，许多系统通过三态总线将 Avalon 信号驱动到片外，从而通过同样的地址和数据物理引脚可以访问多个片外设备。由于 Nios Ⅱ 是一个位于 FPGA 中的软核处理器，用户开发的外围设备和接口可以通过引入向导轻松地引入 Nios Ⅱ 处理器系统中，为设计再利用提供了简便的方法。

Nios Ⅱ 的 Avalon 总线不同于其他微处理器的固定外设，Nios Ⅱ 的外设是可以任意定制的，这使得用户可以根据具体的应用需求而定制。所有的 Nios Ⅱ 系统外设都是通过 Avalon 总线与 Nios Ⅱ 软核相连，从而进行数据交换。因此，对于用户定义的外设必须遵从该总线协议才可以与 NiosⅡ 之间建立联系。Avalon 信号接口定义了一组信号类型片选，读使能、写使能、地址、数据等，用于描述主从外设上基于地址的读写接口，外设使用准备的信号与其内核逻辑进行接口，并删除会增加不必要开销的信号。

3) PWM 工作原理

PWM 即脉冲宽度调制技术，它通过对一系列脉冲的宽度进行调制，来等效地获得所需要的波形(含形状和幅值)。其基本原理是：冲量相等而形状不同的窄脉冲作用在具有惯性的环节上时，其效果基本相同。冲量指窄脉冲的面积，效果基本相同是指环节的输出响应波形基本相同。图 5.5.1 为脉冲宽度调制系统的原理图和波形图。

图 5.5.1(a) 中比较器反相输入端是一个周期为 TS 的锯齿波(对于数字 PWM 控制器，该锯齿波由计数器来实现)，同相输入端为控制信号 $x(t)$，比较器的输出与其输入的关系可由图 5.5.1(b) 表述，可以看出，比较器输出一系列下降沿调制的脉冲宽度调制波，该波形由一系列占空比不同的矩形脉冲构成，其占空比与控制信号 $x(t)$ 的瞬时值呈比例关系。如果 $x(t)$ 大于锯齿波信号则比较器输出正常数(对于数字 PWM 控制器其输出为高电平)，否则输出 0。

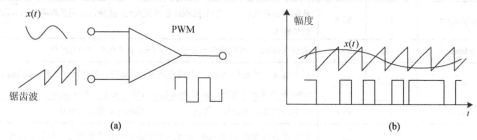

图 5.5.1　PWM 系统的原理图和波形图

4. 实验内容

本实验对 Avalon Slave 外设的设计进行介绍，设计一个 PWM 外设，PWM 的输出将连接到 FPGA 外的 LED 上，通过控制 PWM 外设寄存器可以对 LED 的亮度进行控制，也可通过示波器观察 PWM 的输出脉冲。PWM 电路在控制系统的应用中比较常见。PWM 的具体设计要求如下：

(1) 要求信号的周期可调。

(2) 脉冲的宽度可调。

(3) 可以控制 PWM 的输出使能。

5. 实验步骤

(1) 运行 Quartus II 13.0 软件，建立新工程，工程名称及顶层文件名称为 AVALON_PWM。

(2) 选择 File→New 菜单项，创建 VHDL 设计文件 AVALON_PWM.VHD，在文本编辑器界面中编写 VHDL 程序。

(3) 选择 Processing→Start Compilation 菜单项，对程序进行分析、综合。

(4) 运行 Quartus II 13.0 软件，建立新工程，工程名称及顶层文件名称为 sopc。

(5) 选择 File→New 菜单项，创建图形设计文件 sopc.bdf，打开图形编辑器界面。

(6) 选择 Tools→Qsys 菜单项，启动 Qsys 工具。

（7）选择 File→New Component 菜单项，新建一个外设。在如图 5.5.2 所示的 Files 选项卡中单击 "+" 按钮，在对话框中选择 AVALON_PWM.VHD 文件。

图 5.5.2　添加 VHDL 文件标签页

（8）在 Signals 选项卡中，手动更改 Signals 列表的信号，如图 5.5.3 所示。

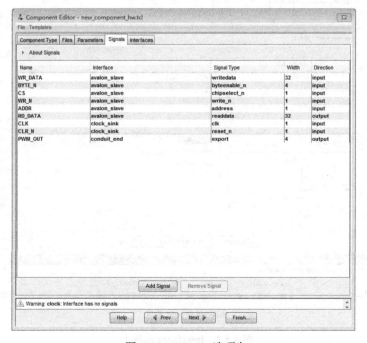

图 5.5.3　Signals 选项卡

（9）在 Interfaces 选项卡中，如图 5.5.4(a)、(b)所示进行设置。

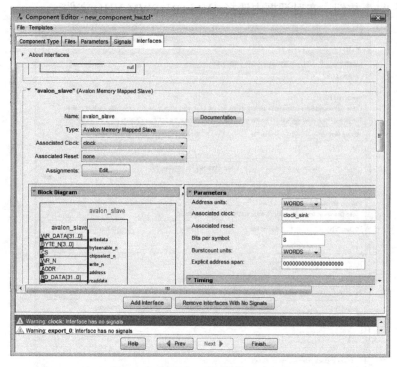

(a) avalon_slave 设置

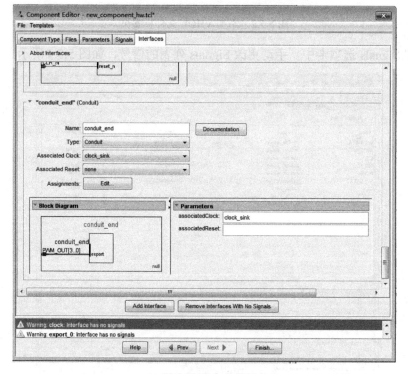

(b) conduit_end 设置

图 5.5.4　Interfaces 选项卡

(10) 在 Component Type 选项卡中，如图 5.5.5 所示进行设置，元件命名为 AVALON_PWM。

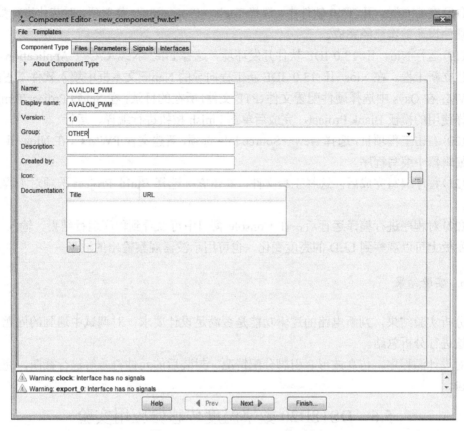

图 5.5.5　Component Type 选项卡

(11) 单击 Finish 按钮，完成 AVALON_PWM 元件的设置。设置完成后可以在 Qsys 的 Component Library 元件模拟池中看到添加了一个 Other 选项，其中的元件就是用户自己定制的 AVALON_PWM 元件。

(12) 在 Avalon 模块下分别添加 Nios Ⅱ Processor、 JTAG UART、SDRAM、AVALON_PWM，分别重命名为 cpu、jtag_uart、sdram、pwm。

(13) 选择 System 菜单中的 Assign Base Addresses 选项，对系统的基地址和中断进行重新分配。

(14) 对 cpu 进行进一步设置，指定系统的复位地址和执行地址为 sdram。选择 System Generation 选项，在 Qsys 生成页中选中 VHDL 选项。单击 Generate 按钮生成硬件系统文件，完成后执行 File→Exit 命令退出 Qsys。

(15) 在 BDF 文件窗口，选择 nios32，将其放入图形设计文件窗口中，注意 sdram 需要给输出的时钟，因此需要加入锁相环来分别产生两个时钟，可参看前面的设计。

(16) 将 PWM_NIOSII 模块与输入(input)、输出(output)、双向(bidir)接口连接，将所有无用的引脚置为输入状态，三态，对工程进行引脚分配。

(17) 选择 Processing→Start Compilation 菜单项对此工程进行编译，生成可以配置到 FPGA 的 SOF 文件。

(18) 在 Quartus Ⅱ 13.0 软件中，选择 Tools→Programmer 菜单项，对芯片进行配置，至此硬件设计工作已经完成。

(19) 运行 Nios Ⅱ 13.0 IDE 软件开发环境，选择 File→New/C/C++ Application 菜单项，建立新工程。在 Nios Ⅱ 13.0 IDE 新工程向导的 Name 文本框中填入软件工程的名称 PWM；在 Qsys 中选择硬件配置文件（PTF 文件）所在的目录；在 Select Project Template 中选择使用的模板 Blank Project，完成后单击 Finish 按钮进行编译、运行。

(20) 右击工程项目，选择 New→Source File 选项，新建文件 PWM.C，在 Nios Ⅱ IDE 文本编辑器中编写程序。

(21) 程序编写完成后，选择工程文件，右击它并选择 Build Project 选项对工程进行编译。

(22) 对程序进行编译运行后，在 Console 窗口中可以看到程序运行结果。输入 1～4 在开发板上可以观察到 LED 的亮度变化，也可用示波器观察输出的波形。

6. 实验结果

分析实验结果，判断电路的逻辑功能是否满足设计要求；对调试中遇到的问题及解决方法进行分析总结。

对设计源程序、仿真波形、引脚分配情况、封装后的元件符号等进行截图，完成实验报告。

5.6　DS18B20 数字温度传感器应用实验

1. 实验目的

(1) 掌握基本的开发流程。

(2) 熟悉 Quartus Ⅱ 13.0 软件的使用。

(3) 熟悉 Nios Ⅱ 13.0 IDE 开发环境。

2. 实验设备

硬件：PC 一台，DS18B20 温度传感器，TD-EDA/SOPC 综合实验平台或 DE2 开发板。

软件：Quartus Ⅱ 13.0，Nios Ⅱ 13.0 设计软件。

3. 实验原理

1) DS18B20 简介

DS18B20 的性能特点如下。

（1）独特的双向接口方式，DS18B20 在与微处理器连接时仅需要一条数据通路即可实现微处理器与 DS18B20 的双向通信。

（2）DS18B20 支持多点组网功能，多个 DS18B20 可以并联在唯一的三线上，实现组网多点测温。

（3）DS18B20 在使用中不需要任何外围元件，全部传感元件及转换电路集成在形如一只三极管的集成电路内，适应电压范围更宽，电压范围为 3.0～5.5V，在寄生电源方式下可由数据线供电。

（4）测温范围为–55～+125℃，在–10～+85℃时精度为±0.5℃。

（5）待机功耗低。

（6）可编程的分辨率为 9～12 位，对应的可分辨温度分别为 0.5℃、0.25℃、0.125℃和 0.0625℃，可实现高精度测温。

（7）9 位分辨率时最多在 93.75ms 内把温度转换为数字，12 位分辨率时最多在 750ms 内把温度值转换为数字，速度更快。

（8）用户可定义报警设置。

（9）报警搜索命令识别并标志超过程序限定温度（温度报警条件）的器件。

（10）测量结果直接输出数字温度信号，以"一线总线"串行传送给 CPU，同时可传送 CRC 校验码，具有极强的抗干扰纠错能力。

（11）负电压特性，电源极性接反时，温度计不会因发热而烧毁，但不能正常工作。

以上特点使 DS18B20 非常适用于多点、远距离温度检测系统。DS18B20 内部结构主要由 4 部分组成：64 位光刻 ROM、温度传感器、非挥发的温度报警触发器 TH 和 TL、配置寄存器。DS18B20 的引脚排列、TO-92 封装形式如图 5.6.1 所示，DQ 为数据输入/输出引脚，开漏单总线接口引脚。当用在寄生电源下时，也可以向器件提供电源；GND 为地信号；V_{DD} 为可选择的 V_{DD} 引脚。当工作于寄生电源时，此引脚必须接地。

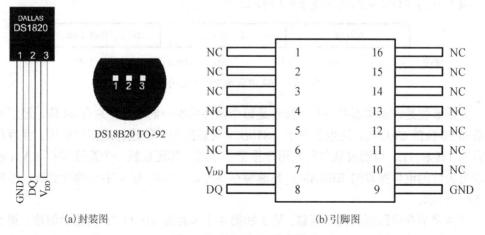

(a)封装图　　　　　　　　　(b)引脚图

图 5.6.1　DS18B20 示意图

DS18B20 的引脚功能描述如表 5.6.1 所示。

表 5.6.1　　DS18B20 引脚功能描述表

序号	名称	功能描述
1	GND	地信号
2	DATA	数据输入/输出引脚，开漏单总线接口引脚，当用于寄生电源下时，可提供电源
3	V_{DD}	可选择的 V_{DD} 引脚。当工作于寄生电源时，此引脚必须接地

2）DS18B20 内部结构

图 5.6.2 为 DS18B20 的内部框图，主要包括寄生电源、温度传感器、64 位激光 ROM 和单线接口、存储器与控制逻辑、高速暂存器（用于存放中间数据）、用于存储用户设定温度上下限值的 TH 和 TL 触发器以及 8 位 CRC（循环冗余检验码）发生器等 7 部分。

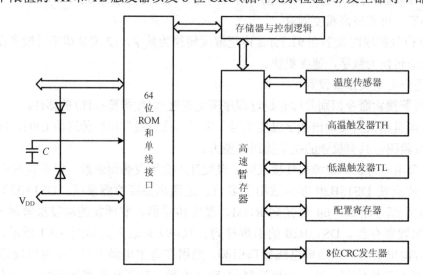

图 5.6.2　DS18B20 温度传感器的内部存储结构

64 位闪速 ROM 的结构如图 5.6.3 所示。

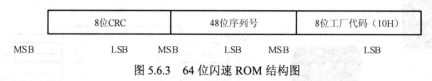

图 5.6.3　64 位闪速 ROM 结构图

开始 8 位是产品类型的编号，接着是每个器件的唯一的序号，共有 48 位，最后 8 位是前面 56 位的 CRC 码，这也是多个 DS18B20 可以采用一线进行通信的原因。温度报警触发器 TH 和 TL，可通过软件写入用户报警上下限，其还包括一个高速暂存 RAM 和一个非易失性的电可擦除的 EERAM。高速暂存 RAM 的结构为 8 字节的存储器，结构如图 5.6.4 所示。

前两字节存储测得的温度信息；第 3 和第 4 字节存储 TH 和 TL 的报警温度；第 5 字节为配置寄存器，用于确定温度值的数字转换分辨率。DS18B20 工作时寄存器中的分辨率转换为相应精度的温度数值。

当 DS18B20 接收到温度转换命令后开始启动温度转换，转换完成后的温度值就以 16 位带符号扩展的二进制补码形式存储在高速暂存器的第 1、2 字节。FPGA 可通过双向接口读到该数据，读取时低位在前，高位在后，数据格式以 0.0625℃/LSB 形式表示。温度值格式如图 5.6.5 所示。

Byte0	温度测量值LSB（50H）
Byte1	温度测量值MSB（50H）
Byte2	TH高温寄存器
Byte3	TL低温寄存器
Byte4	配位寄存器
Byte5	预留（FFH）
Byte6	预留（OCH）
Byte7	预留（IOH）
Byte8	循环冗余码校验（CRC）

图 5.6.4　高速暂存 RAM 结构图

温度测量值LSB

2^3	2^2	2^1	2^0	2^{-1}	2^{-2}	2^{-3}	2^{-4}
MSB							LSB

温度测量值MSB

S	S	S	S	S	2^6	2^5	2^4
MSB							LSB

图 5.6.5　温度值格式

图 5.6.5 的两字节是温度转化后得到的 12 位数据，存储在 DS18B20 两字节的 RAM 中，MSB 字节中的前面 5 位是符号位，如果测得的温度大于 0，则这 5 位为 0，只要将测到的数值乘以 0.0625 即可得到实际温度；如果温度小于 0，则这 5 位为 1，测到的数值需要取反加 1 再乘以 0.0625 即可得到实际温度。S 表示符号位，对应的温度计算规则为：当符号位 S=0 时，表示测得的温度为正值，直接将二进制位转换为十进制；当 S=1 时，表示测得的温度为负值，需要将补码变换为原码，再计算十进制值。例如，+120℃ 的数字输出为 0780H，+20.0625℃的数字输出为 0141H，–20.0625℃的数字输出为 FFBFH，–50℃的数字输出为 FDE0H。

DS18B20 温度传感器主要用于对温度进行测量，数据可用 16 位符号扩展的二进制补码读数形式提供，并以 0.0625℃/LSB 形式表示。

DS18B20 完成温度转换后，就把测得的温度值与 RAM 中的 TH、TL 字节内容做比较，若温度值 T>TH 或 T<TL，则将该器件内的报警标志置位，并对主机发出的报警搜索命令做出响应。因此，可用多只 DS18B20 同时测量温度并进行报警搜索。

3）DS18B20 读/写时序

由于 DS18B20 根据单总线进行通信，因此它和主机(FPGA)通信需要串行通信，所以 Nios Ⅱ的双向接口访问 DS18B20 必须遵守如下协议：初始化、ROM 操作命令、存储器操作命令和控制操作。要使传感器工作，一切处理均严格按照时序。

主机发送(Tx)复位脉冲(最短为 480μs 的低电平信号)，接着主机便释放此线并进入接收方式(Rx)。总线经过 4.7kΩ 的上拉电阻被拉至高电平状态。在检测到 I/O 引脚上的上升沿之后，DS18B20 等待 15~60μs，并且接着发送脉冲(60~240μs 的低电平信号)。然后以存在复位脉冲表示 DS18B20 已经准备好发送或接收，再给出正确的 ROM 命令和存储操作命令的数据。DS18B20 通过使用时间片来读出和写入数据。时间片用于处理数据位和进行何种指定操作的命令，有写时间片和读时间片两种。

(1)写时间片：当主机把数据线从逻辑高电平拉至逻辑低电平时，产生写时间片。有两种类型的写时间片，分别为写 1 时间片和写 0 时间片。所有时间片必须有 60μs 的持续期，在各写周期之间必须有最短 1μs 的恢复时间。

(2)读时间片：从 DS18B20 读数据时，使用读时间片。当主机把数据线从逻辑高电平拉至逻辑低电平时产生读时间片。数据线在逻辑低电平必须保持至少 1μs，来自 DS18B20 的输出数据在时间下降沿之后的 15μs 内有效。为了读出从读时间片开始算起 15μs 的状态，主机必须停止把引脚驱动拉至低电平。在时间片结束时，I/O 引脚经过外部的上拉电阻拉回高电平，所有读时间片的最短持续期为 60μs，包括两个读周期间至少 1μs 的恢复时间。

一旦主机检测到 DS18B20 的存在，它便可以发送一个 ROM 器件操作命令。所有 ROM 操作命令均为 8 位长。

对于所有的串行通信，读/写每一位数据都必须严格遵守器件的时序逻辑来编程，同时还必须遵守总线命令序列。对单总线的 DS18B20 芯片来说，访问每个器件都要遵守下列命令序列：首先是初始化，其次执行 ROM 命令，最后就是执行功能命令。如果出现序列混乱，则单总线器件不会响应主机。当然，对于搜索 ROM 命令和报警搜索命令，在执行两者中任何一条命令之后，都要返回初始化。

主机检测到应答脉冲后，就可以发出 ROM 命令，这些命令与各个从机设备的唯一 64 位 ROM 代码相关。主机发出 ROM 命令后就可以访问某个指定的 DS18B20，接着就可以发出 DS18B20 支持的某个功能命令，这些命令允许主机写入或读出 DS18B20 便笺式 RAM、启动温度转换。软件实现 DS18B20 的工作严格遵守单总线协议。

(1)主机首先发出一个复位脉冲，信号线上的 DS18B20 器件被复位。

(2)主机发送 ROM 命令，程序开始读取单个在线的芯片 ROM 编码并保存在 FPGA 数据存储器中，把用到的 DS18B20 的 ROM 编码离线读出，最后用一个二维数组保存 ROM 编码，数据保存在 X25043 中。

(3)系统工作时，把读取了编码的 DS18B20 挂在总线上。发出温度转换命令，再将总线复位。

(4)从二维数组匹配在线的温度传感器，随后发出温度读取命令就可以获得相对应的温度值了。

下面介绍 DS18B20 的读时序和写时序。

(1)DS18B20 的读时序。DS18B20 的读时序分为读 0 时序和读 1 时序两个过程。对于 DS18B20 的读时序是从主机把单总线拉低之后，在 15s 之内就得释放单总线，以使

DS18B20 把数据传输到单总线上。DS18B20 完成一个读时序过程至少需要 60μs，如图 5.6.6 所示。

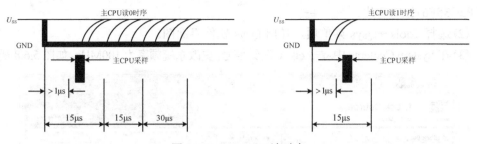

图 5.6.6　DS18B20 读时序

（2）DS18B20 的写时序。DS18B20 的写时序仍然分为写 0 时序和写 1 时序两个过程。DS18B20 写 0 时序和写 1 时序的要求不同。当要写 0 时序时，单总线要被拉低至少 60μs，保证 DS18B20 能够在 15~45μs 内正确地采样 I/O 总线上的 0 电平；当要写 1 时序时，单总线被拉低之后 15μs 之内就得释放单总线，如图 5.6.7 所示。

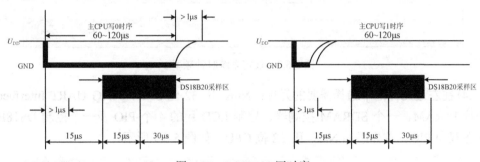

图 5.6.7　DS18B20 写时序

4．实验内容

根据 DS18B20 数字温度传感器的主要特征和数据传输时序，设计 Nios Ⅱ系统与 FPGA 进行数据通信，最后把温度值通过 LCD 显示出来。

5．实验步骤

本实验属于工程类综合实验，所以本实验将详细介绍实验操作的每一个步骤，以方便读者熟悉基于 Nios Ⅱ的工程开发流程。一般步骤如下：

（1）在 Quartus Ⅱ 13.0 中建立工程。

（2）用 Qsys 建立 Nois Ⅱ系统模块。

（3）在 Quartus Ⅱ 13.0 中的图形编辑界面中进行引脚连接、锁定工作。

（4）编译工程后下载到 FPGA 中。

（5）在 Nios Ⅱ 13.0 IDE 中根据硬件建立软件工程。

（6）编译后，经过简单设置下载到 FPGA 中进行调式、实验。

1）硬件设计

（1）运行 Quartus Ⅱ 13.0 软件，选择 File→New Project Wizard 菜单项，选择工程目

录名称、工程名称及顶层文件名称为 DS18B20，在选择器件设置对话框中选择目标器件，建立新工程。本实验在 PC 的 F 盘下建立了名为 DS18B20 的工程文件夹，器件设置中选择 EP2C35F672C6 芯片。

（2）选择 Tools→Qsys 菜单项，弹出 Qsys 软件界面图。

（3）在 System Contents 中双击 clk_0 时钟信号，更改系统频率为 100MHz，如图 5.6.8 所示。

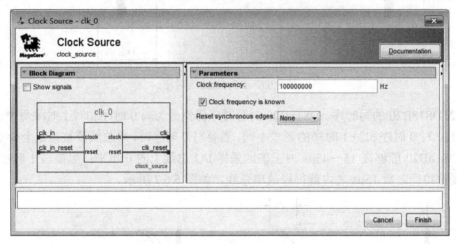

图 5.6.8　设定系统时钟频率

（4）在左边元件池中选择需要的元件：Nios Ⅱ 32 位 CPU、JTAG UART Interface、一个片上 RAM、一个 SDRAM 控制器、控制 LCD 用的 4 个 PIO 及一个控制 DS18B20 的三态双向 PIO。首先添加 Nios Ⅱ 32 位 CPU，如图 5.6.9 所示。

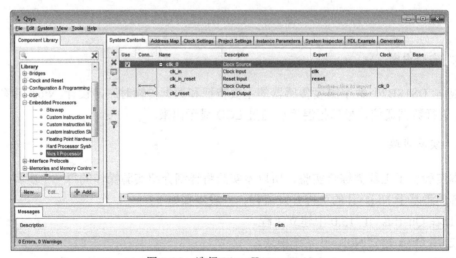

图 5.6.9　选择 Nios Ⅱ Processor

（5）双击 Nios Ⅱ Processor 或者选中后单击 Add 按钮，单击 Core Nios Ⅱ，弹出如图 5.6.10 所示界面，选择处理器类型为 Nios Ⅱ/f。

（6）单击 JTAG Debug Module 弹出如图 5.6.11 所示的 Nios Ⅱ Processor 设置对话框。

（7）设置完 Core NiosⅡ和 JTAG Debug Module 后，其他设置保持默认选项，单击 Finish 按钮后返回 Qsys 窗口，命名为 cpu，如图 5.6.12 所示。

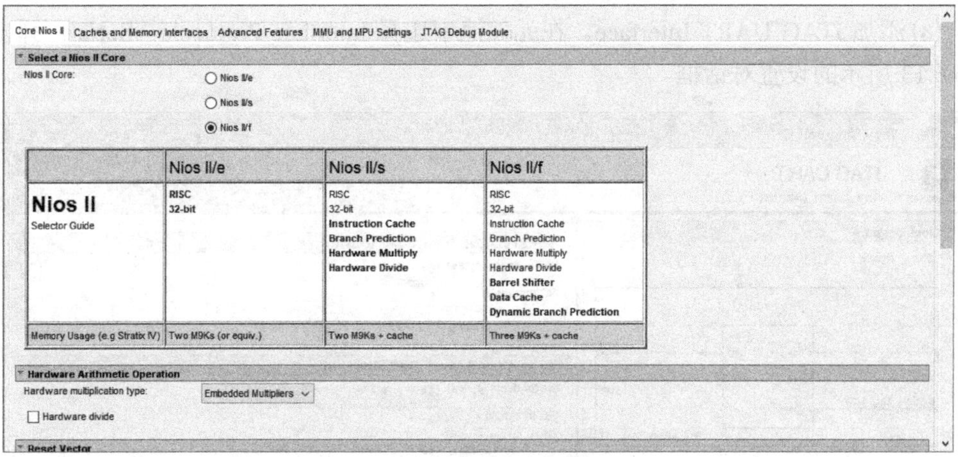

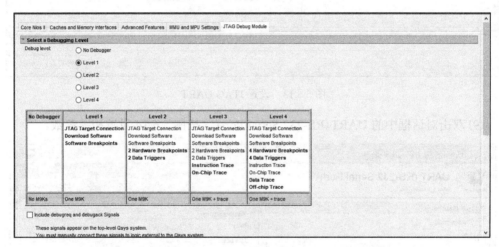

图 5.6.10　设置 Nios Ⅱ处理器类型

图 5.6.11　设置 Nios Ⅱ Processor JTAG Debug Module 等级

图 5.6.12　命名为 cpu

　　(8)添加 JTAG UART Interface。在元件池中选择 Interface Protocols→Serial，弹出如图 5.6.13 所示的设置对话框。

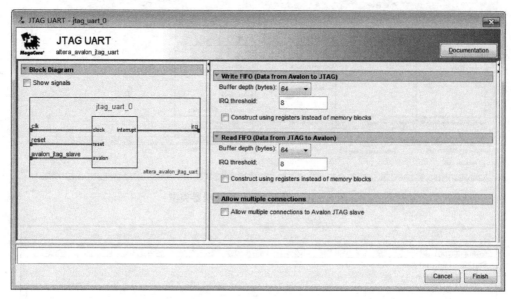

图 5.6.13　设置 JTAG UART

　　(9)双击对话框中的 UART(RS-232 Serial Port)，按图 5.6.14 设置相关参数。

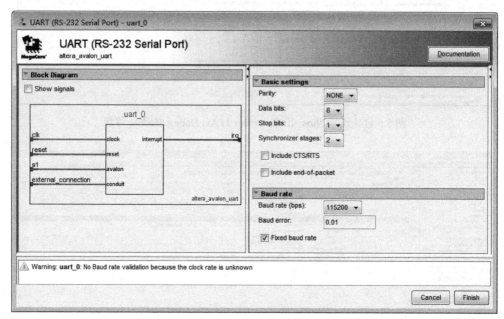

图 5.6.14　设置 UART(RS-232 Serial Port)

　　(10)设置完成后，单击 Finish 按钮后返回 Qsys 窗口，分别命名为 jtag_uart 和 uart。
　　(11)添加内部 RAM。在图 5.6.14 中选择 Memories and Memory Controllers→On-Chip，双击 On-Chip Memory，弹出如图 5.6.15 所示的 On-Chip Memory 设置对话框，按图 5.6.15 所示设置，单击 Finish 按钮后返回 Qsys 窗口，重新命名为 onchip_ram。

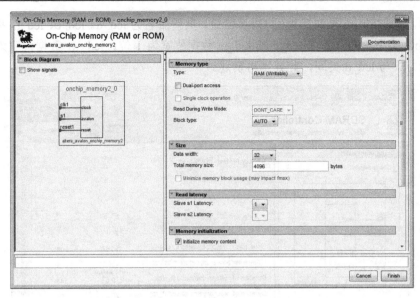

图 5.6.15　设置 onchip_ram

（12）添加 SDRAM 控制模块。选择 Memories and Memory Controllers→External Memory Interfaces→SDRAM Interfaces→SDRAM Controller，再双击 SDRAM Controller，弹出 SDRAM 参数设置对话框。在 Memory Profile 选项卡下的 Data Width 中的 Bits 下拉列表框中选择 16；Chip select 下拉列表框中选择 1；Banks 下拉列表框中选择 4；Row 文本框中键入 12，设置好后如图 5.6.16 所示。

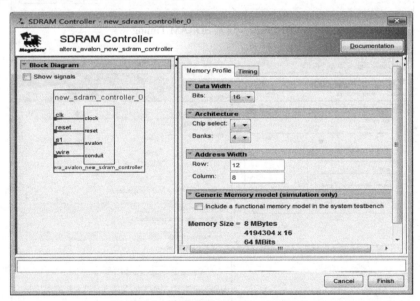

图 5.6.16　设置 SDRAM Memory Profile

（13）在 Timing 选项卡下的 CAS latency cycles 中选择 2 单选按钮，如图 5.6.17 所示。将 SDRAM 模块重命名为 sdram。

（14）加入 LCD_PIO。本实验用 4 个 PIO 控制 LCD。选择 Peripherals→Microcontroller Peripherals 选项，双击 PIO，弹出如图 5.6.18 所示的 LCD_PIO 设置对话框，选中 Output

单选按钮，单击 Finish 按钮后返回 Qsys 窗口，重新命名为 lcd_d。lcd_e、lcd_rs 和 lcd_wr 均为 Output 类型 PIO，其中 lcd_e 和 lcd_rs 数据位宽为 1 位，lcd_wr 数据位宽为 8 位，具体添加方式与 lcd_d 类同，此处不再赘述。

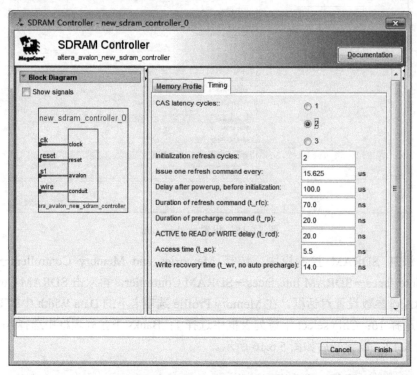

图 5.6.17　设置 SDRAM Timing

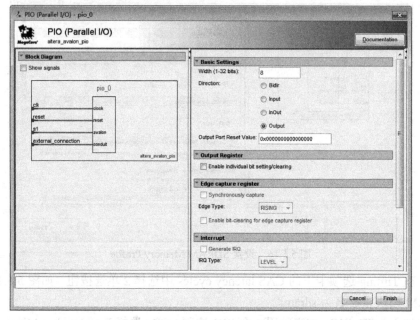

图 5.6.18　设置 LCD_PIO

（15）加入 DS18B20_PIO。DS18B20 的 PIO 为三态双向 PIO，选择 Peripherals→
Microcontroller Peripherals 选项，双击 PIO，弹出如图 5.6.19 所示的 PIO 设置对话框，
Width 文本框键入 1，同时选中 Bidir 单选按钮，单击 Finish 按钮后返回 Qsys 窗口，重新
命名为 ds18b20。

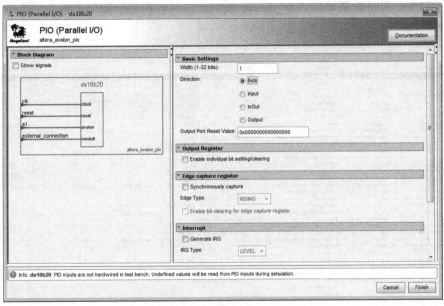

图 5.6.19　设置 DS18B20_PIO

（16）添加 System ID。在图元件池中搜索 System ID，双击 System ID Peripheral，弹
出图 5.6.20 所示的配置向导页面，保持默认配置，单击 Finish 按钮后返回 Qsys 窗口，重
新命名为 sysid。

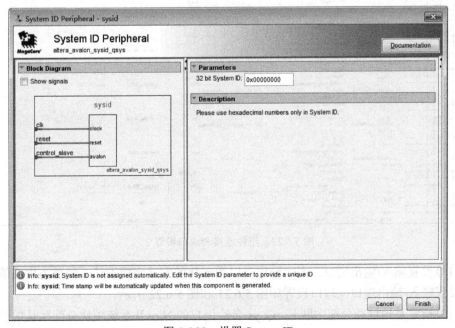

图 5.6.20　设置 System ID

　　(17)连接各组件。连线规则为：数据主端口连接存储器和外设元件，指令主端口只连接存储器元件。本设计中，onchip_ram 和 sdram 模块需要将其 Avalon Memory Mapped Slave 端口连接到 Nios Ⅱ处理器核的 data_master 和 instruction_master 端口上；所有 PIO 外设、System ID 和 JTAG UART 等，将其 Avalon Memory Mapped Slave 端口连接到 Nios Ⅱ处理器核的 data_master 端口上，时钟和复位端口需要全部连接。各组件连接完毕如图 5.6.21 和图 5.6.22 所示。

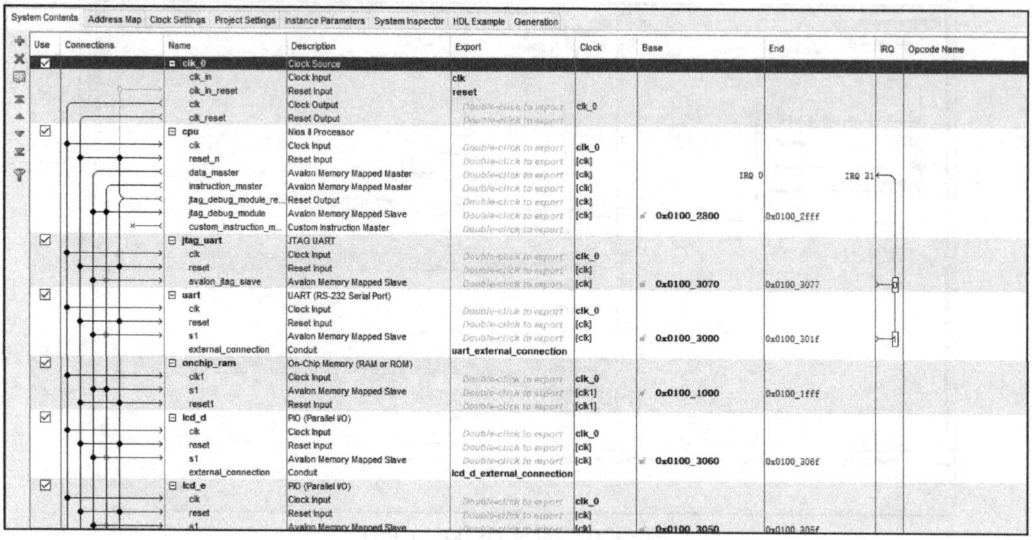

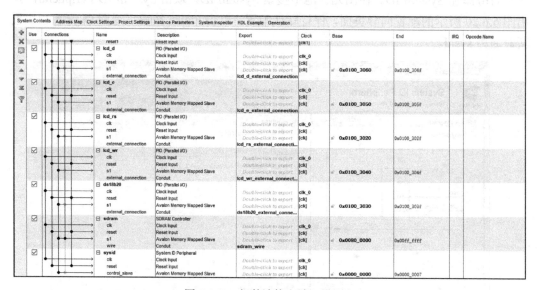

图 5.6.21　组件连接和端口设置 1

图 5.6.22　组件连接和端口设置 2

　　(18)设置输入/输出端口。本实验项目以图形化的方式完成设计，需要为生成的图形文件设置输入/输出端口。端口设置如图 5.6.21 和图 5.6.22 所示。

　　(19)指定基地址和分配中断号。Qsys 会给用户的 Nios Ⅱ系统模块分配默认的基地址和中断号，用户也可以更改这些默认地址和中断号。选择 System→Assign Base Address

菜单项配置默认基地址和中断号。

(20)系统设置。双击 cpu，弹出如图 5.6.23 所示的设置框，分别在 Reset vector memory 和 Exception vector memory 下拉列表框中选择 onchip_ram。

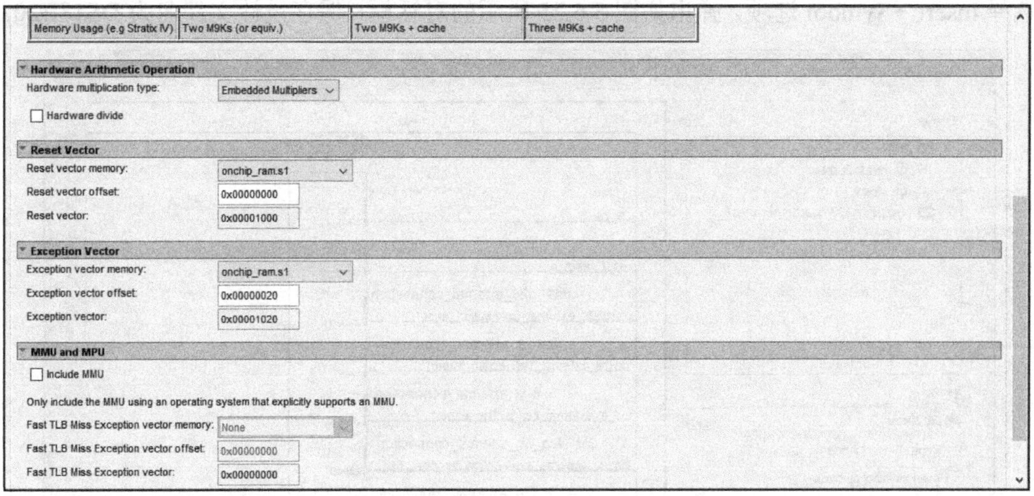

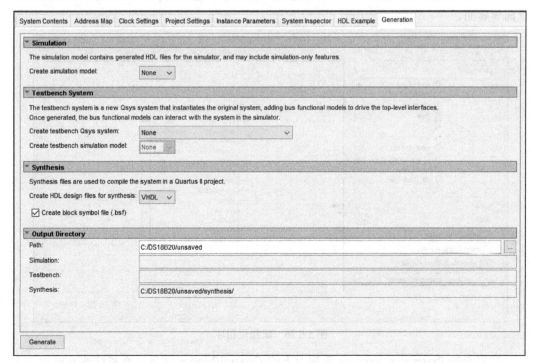

图 5.6.23　设置系统运行空间

(21)生成系统模块。选择 Generation 选项卡，如图 5.6.24 所示。由于不涉及仿真，我们将 Simulation 和 Testbench System 都设为 None。单击 Generate 按钮，会提示保存，此时单击 Save 按钮，保存为 DS18B20CPU。单击保存，则 Qsys 根据用户不同的设定，在生成的过程中执行不同的操作，系统生成后执行 File→Exit 命令退出 Qsys。

图 5.6.24　生成系统模块

(22)打开 Quartus Ⅱ 13.0 软件，新建 BDF 文件。选择 File→New 菜单项，在弹出的对话框中选择 Block Diagram→Schematic File 选项创建图形设计文件，单击 OK 按钮。

(23)添加 DS18B20CPU。在图形设计窗口中双击，或者右击，在弹出的快捷菜单中选择 Insert→Symbol 选项，弹出如图 5.6.25 所示的对话框，保存设计文件名为 DS18B20。

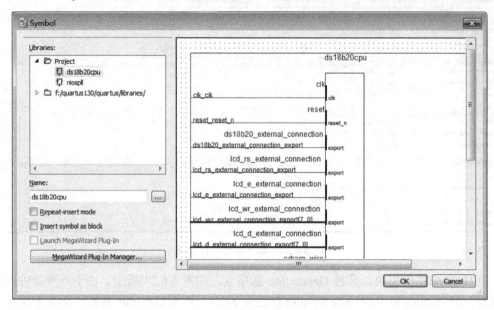

图 5.6.25　添加 DS18B20CPU

(24)添加锁相环。在如图 5.6.26 所示的 I/O 目录下选择 altpll，双击进入锁相环的设置向导界面。

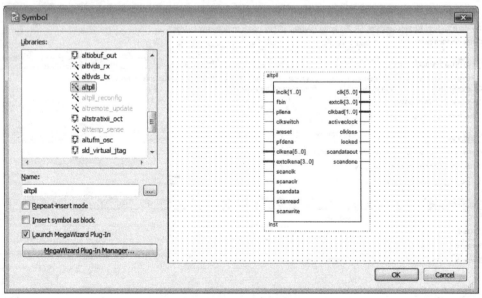

图 5.6.26　添加锁相环

(25)选择 Parameter Settings 选项卡下的 General/Modes 选项，将系统输入时钟改为 50MHz，如图 5.6.27 所示。

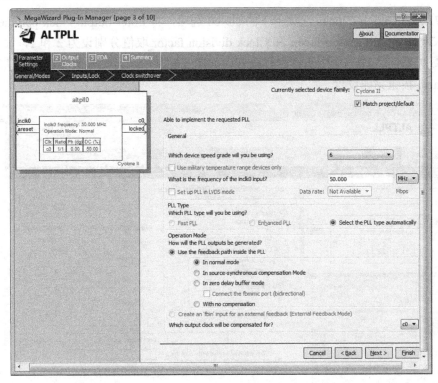

图 5.6.27　设置系统输入时钟频率

(26) 选择 Parameter Settings 选项卡下的 Inputs/Lock 选项，取消选中 Create an 'areset' input to asynchronously reset the PLL 复选框，取消多余输入/输出端口，如图 5.6.28 所示。

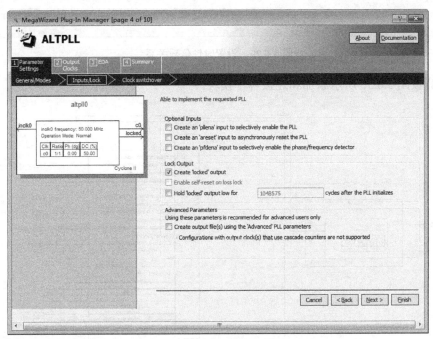

图 5.6.28　取消多余输入/输出端口

(27)选择 Output Clocks 选项卡下的 clk c0 选项，将 Enter output clock parameters 选项中的 Clock multiplication factor 和 Clock division factor 取值分别设为 2 和 1，设置输出时钟倍数关系，在 clk c1 中进行同样设置，如图 5.6.29 所示，其他设置保持默认选项。单击 Finish 按钮完成设置。

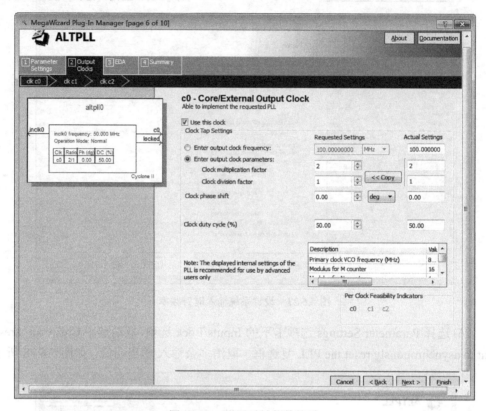

图 5.6.29　设置时钟倍数关系

(28)按图 5.6.30 所示添加和连接各个模块。

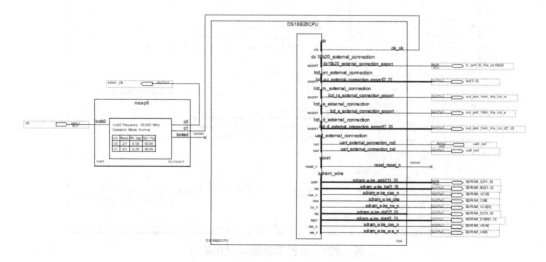

图 5.6.30　添加和连接各个模块

(29) 引脚锁定。将光盘提供的 DE2_pin.tcl 文件复制到当前工程目录下，然后选择 Tools→Tcl Scripts 菜单项，弹出如图 5.6.31 所示的对话框。选择 DE2_pin 选项，然后单击 Run 按钮，引脚约束将自动加入。

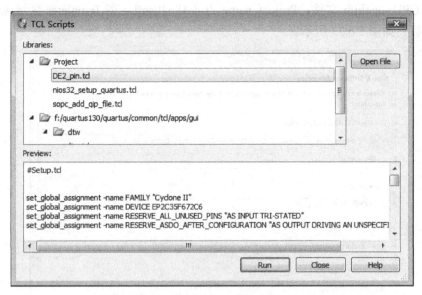

图 5.6.31　运行 Tcl 脚本文件对引脚进行锁定

(30) 编译工程。选择 Processing→Start Compilation 选项对工程进行编译。

(31) 配置 FPGA。选择 Tools→Programmer 菜单项，将编译生成的 SOF 文件下载到目标板上。

2) 软件设计

为了便于管理，本实验把 Nios Ⅱ 的软件部分也存放在 FPGA 的工程目录。软件部分设计步骤如下：

(1) 打开 Nios Ⅱ 13.0 IDE，在弹出的 Workspace Launcher 页面将 Nios Ⅱ 工程文件放在 Quartus Ⅱ 工程项目 DS18B20 文件夹里，如图 5.6.32 所示。

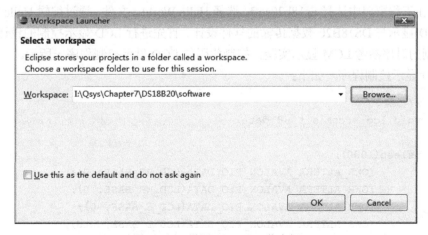

图 5.6.32　设置 Nios Ⅱ 工作空间

　　(2)设置好工作空间后，单击 OK 按钮进入 Nios Ⅱ 13.0 软件编辑页面，选择 File→New→Nios Ⅱ Application and BSP from Template 选项。

　　(3)在 Target hardware information 栏里的 SOPC Information File name 框中选择 DS18B20CPU.sopcinfo 文件，Project name 为 ds18b20soft，在 Templates 区域选择 Hello World 模板，如图 5.6.33 所示。

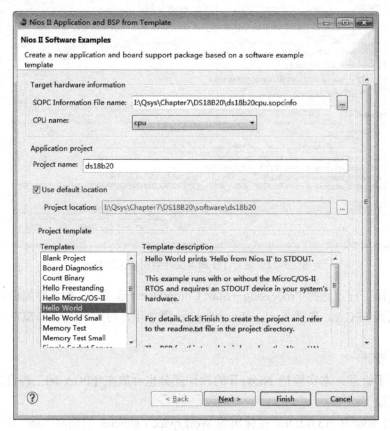

图 5.6.33　添加新工程

　　(4)在工程窗口中选择 ds18b20soft，选择 Hello World.c 文件，通过编辑 Hello World.c 进行 LCD 显示与 DS18B20 数据传输的软件设计。首先进行 LCD 显示控制的设计，LCD 显示控制的时序参考 LCM 显示实验，控制代码如 LCD 显示控制程序一所示。

　　LCD 显示控制程序一如下：

```
//写指令
void lcd_wrcom(alt_u8 data)
{
usleep(1000);
      IOWR_ALTERA_AVALON_PIO_DATA(LCD_RS_BASE, 0);
      IOWR_ALTERA_AVALON_PIO_DATA(LCD_WR_BASE, 0);
      IOWR_ALTERA_AVALON_PIO_DATA(LCD_E_BASE, 0);
      IOWR_ALTERA_AVALON_PIO_DATA(LCD_D_BASE,data);
usleep(1000);
      IOWR_ALTERA_AVALON_PIO_DATA(LCD_E_BASE, 1);
```

```
usleep(1000);
        IOWR_ALTERA_AVALON_PIO_DATA(LCD_E_BASE, 0);
}
//写数据
void lcd_wrdata(alt_u8 data)
{
usleep(1000);
        IOWR_ALTERA_AVALON_PIO_DATA(LCD_RS_BASE, 1);
        IOWR_ALTERA_AVALON_PIO_DATA(LCD_WR_BASE, 0);
        IOWR_ALTERA_AVALON_PIO_DATA(LCD_E_BASE, 0);
        IOWR_ALTERA_AVALON_PIO_DATA(LCD_D_BASE,data);
usleep(1000);
        IOWR_ALTERA_AVALON_PIO_DATA(LCD_E_BASE, 1);
usleep(1000);
        IOWR_ALTERA_AVALON_PIO_DATA(LCD_E_BASE, 0);
}
//LCD 初始化
void lcd_init()
{
usleep(15000);
lcd_wrcom(0x38);
usleep(5000);
lcd_wrcom(0x08);
usleep(5000);
lcd_wrcom(0x01);
usleep(5000);
lcd_wrcom(0x06);
usleep(5000);
lcd_wrcom(0x0c);
usleep(5000);
}
void lcd_display(alt_u8 line, alt_u8 *data)
{
if(line == 1)
lcd_wrcom(0x80);
        else
lcd_wrcom(0xc0);
while(*data != '\0')
        {
lcd_wrdata(*data);
            data++;
usleep(1000);
        }
}
```

根据 DS18B20 的读/写时序及内部 RAM，设计 DS18B20 的读写/时序如 LCD 显示控制程序二所示。

LCD 显示控制程序二如下：

```
//ds18b20 复位
void ds18b20rst()
{
    IOWR_ALTERA_AVALON_PIO_DIRECTION(DS18B20_BASE,1);
    IOWR_ALTERA_AVALON_PIO_DATA(DS18B20_BASE, 1);
usleep(4);
    IOWR_ALTERA_AVALON_PIO_DATA(DS18B20_BASE, 0);
usleep(100);
    IOWR_ALTERA_AVALON_PIO_DATA(DS18B20_BASE, 1);
usleep(40);
}
//ds18b20 读数据
alt_u8 ds18b20rd()
{
    alt_u8 i = 0;
    alt_u8 data = 0;
for(i = 0; i< 8; i++)
    {
        IOWR_ALTERA_AVALON_PIO_DIRECTION(DS18B20_BASE,1);
        IOWR_ALTERA_AVALON_PIO_DATA(DS18B20_BASE, 0);
usleep(2);
        IOWR_ALTERA_AVALON_PIO_DATA(DS18B20_BASE, 1);
usleep(4);
        IOWR_ALTERA_AVALON_PIO_DIRECTION(DS18B20_BASE,0);
if(IORD_ALTERA_AVALON_PIO_DATA(DS18B20_BASE))
            data = data | 0x80;
        data = data >> 1;
        IOWR_ALTERA_AVALON_PIO_DIRECTION(DS18B20_BASE,1);
        IOWR_ALTERA_AVALON_PIO_DATA(DS18B20_BASE, 1);
usleep(4);
    }
    return data;
}
//写数据
void ds18b20wr(alt_u8 data)
{
    alt_u8 i = 0;
for(i = 0; i< 8; i++)
    {
        IOWR_ALTERA_AVALON_PIO_DIRECTION(DS18B20_BASE,1);
        IOWR_ALTERA_AVALON_PIO_DATA(DS18B20_BASE, 0);
usleep(2);
        IOWR_ALTERA_AVALON_PIO_DATA(DS18B20_BASE, data & 0x01);
usleep(60);
        IOWR_ALTERA_AVALON_PIO_DATA(DS18B20_BASE, 1);
        data = data >> 1;
```

```
        }
}
//读取温度
alt_u8 pn = 0;
alt_u16 read_temp()
{
        alt_u8 i = 0;
        alt_u8 j = 0;
        alt_u16 temp = 0;
        ds18b20rst();
        ds18b20wr(0xcc);
        ds18b20wr(0x44);
        ds18b20rst();
        ds18b20wr(0xcc);
        ds18b20wr(0xbe);
i = ds18b20rd();
        j = ds18b20rd();
        temp = j;
        temp = temp << 8;
        temp = temp | i;
if(temp < 0x0fff)
pn = 0;
        else
        {
            temp = ~temp + 1;
pn = 1;
        }
        temp = temp * 0.652;
        return temp;
}
//显示
alt_u8 displaydata[4];
void tempdisplay()
{
        alt_u16 temp = 0;
        temp = read_temp();
displaydata[0] = temp/1000 + 0x30;
displaydata[1] = (temp%1000)/100 + 0x30;
displaydata[2] = (temp%100)/10 + 0x30;
displaydata[3] = temp%10 + 0x30;
lcd_wrcom(0xc0);
        if(pn)
lcd_wrdata(0x2d);
        else
lcd_wrdata(0x20);
lcd_wrcom(0xc1);
        if(displaydata[0] == 0x30)
```

```
lcd_wrdata(0x20);
      else
lcd_wrdata(displaydata[0]);
lcd_wrcom(0xc2);
      if(displaydata[1] == 0x30)
lcd_wrdata(0x20);
      else
lcd_wrdata(displaydata[1]);
lcd_wrcom(0xc3);
lcd_wrdata(displaydata[2]);
lcd_wrcom(0xc4);
lcd_wrdata(0x2e);
lcd_wrcom(0xc5);
lcd_wrdata(displaydata[3]);
}
```

主程序的控制功能是调用 LCD 显示控制及 DS18B20 的数据传输,如 LCD 显示控制程序三所示。

LCD 显示控制程序三如下:

```
#include <stdio.h>
#include "system.h";
#include "alt_types.h"
#include "altera_avalon_pio_regs.h"
int main()
{
    alt_u8 chr[10] = {'t', 'e', 'm', 'p', 'e', 'r', 'a', 't', 'u', 'r', 'e'};
printf("Hello from Nios II!\n");
lcd_init();
lcd_display(1, chr);
while(1)
    {
read_temp();
tempdisplay();
usleep(1000000);
    }
    return 0;
}
```

(5)右击 ds18b20soft 工程,在弹出的快捷菜单中选择 Nios→BSP Editor 选项,修改系统库的属性,把程序运行空间设置为 sdram,本实验 sdram 容量只设置了 4KB,为了节省内存空间,需勾选 enable_clean_exit、enable_reduced_device_drivers,enable_small_c_library 这三个选项,单击 Generate 按钮,再单击 Exit 按钮。

(6)右击 ds18b20soft 工程,选择 Build Project 选项,编译完成后,单击保存。在 Nios II IDE 界面,右击 ds18b20soft 工程,选择 Run As→Nios II Hardware 选项,系统会自动探测 JTAG 连接电缆,在 Main 选项卡的 Project 中选择刚才建立的工程 ds18b20soft,在 Target Connection 选项卡中选择要使用的下载电缆,选择 USB-Blaster [USB-0]。其他

设置保持默认选项，单击 Run 按钮后可在目标板的 LCD 显示器上观察到温度显示。DS18B20 每隔 1s 进行一次温度转化，并实时更新在 LCD 上显示，显示效果与程序设计一致。

6. 实验结果

分析实验结果，判断电路的逻辑功能是否满足设计要求；对调试中遇到的问题及解决方法进行分析总结。对设计源程序、仿真波形、引脚分配情况、封装后的元件符号等进行截图，完成实验报告。

5.7　数字示波器设计实验

1. 实验目的

(1) 掌握示波器的基本原理及基本的开发流程。
(2) 熟悉 Quartus Ⅱ 13.0 软件的使用。
(3) 熟悉 Nios Ⅱ 13.0 IDE 开发环境。

2. 实验设备

(1) 硬件：PC 一台，TD-EDA/SOPC 综合实验平台或 DE2 开发板，示波器。
(2) 软件：Quartus Ⅱ 13.0，Nios Ⅱ 13.0 设计软件。

3. 实验原理

1) 数字示波器简介

示波器是从事各种电子产品研发、生产、检验的重要工具，其在各个学科中得到广泛应用，且使用相对复杂的仪器。传统的示波器功能齐全，但是体积大、重量重、成本高等一系列问题使应用受到了限制。便携式数字存储采集器应运而生，高速 A/D 采集与转换、ASIC 芯片等新技术，具有很强的实用性和巨大的市场潜力，也代表了当代电子测量仪器的一种发展趋势，即向功能多、体积小、重量轻、使用方便的掌上型仪器发展。模拟示波器的功能已经很强大了，但是随着社会的发展，人们对测量的信号有了更多、更高的要求，要求仪器仪表具有存储的功能以便以后可以调出来与现在的信号进行比较和分析，仪器仪表具有自己进行一些简单的运算的功能，由于模拟示波器对低频信号能进行很好的处理，而现在高频信号又很普遍，对其进行分析用传统的模拟示波器效果不是很理想。数字示波器采用高速的 A/D 转换和采样时钟的处理，所测频率范围广，能够对高频信号进行测量与处理。由于数字示波器采用软件控制，因此也可以比较方便地添加一些额外的功能。

2) 数字示波器原理

由于宽带等其他问题，模拟示波器已经渐渐被数字示波器取代。图 5.7.1 为数字示波器原理框图。

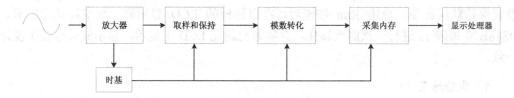

图 5.7.1 数字示波器原理框图

从图 5.7.1 可以看出，波形首先要通过探头，经由前端的放大器进行放大，之后由模数转换单元进行转换，进而存储到采集内存中，最后显示到显示器上。在这一过程中，波形并不是实时呈现在屏幕上，而是经过采集内存之后又呈现在波形上。因此如果整个采样和转换时间较长，就会产生较大的死区时间，这就导致在死区时间内的波形无法被观察到。

本实验数字示波器采用定点存储的方法实现。这种方法是由示波器的扫描频率来确定采用频率，即处理器先检测出扫描频率，然后产生采用时钟给 A/D 器件，再将 A/D 转换的数据存储，这样每轮采用的点数是一样的，避免了波形显示时数据抽取的麻烦，同时对存储采样点数据的 memory 的容量要求小。

4. 实验内容

本实验采用定点存储的方法，利用 Qsys 选择需要的外设完成数字示波器的设计，并通过液晶显示输入信号的波形。

5. 实验步骤

(1) 运行 Quartus Ⅱ 13.0 软件，建立新工程，工程名称及顶层文件名称为 Osciloscope，在器件设置对话框中选择目标器件。

(2) 选择 File→New 菜单项，创建 VHDL 设计文件，打开文本编辑器界面编写如下程序：

```
library IEEE;
use IEEE. STD_LOGIC_11 64. ALL;
use ieee.std_LOGIC_VECTOR;
entity ad5510a is
port(rst:instd_logic;
    elk: in std_logic;
    d: in std_logic_vector(7 downto 0);
    ADck: out std_logic;
    ADoe: out std_logic;
    data: out std_logic_vector(7 downto 0);
    dclk: out std_logic);
end ad5510a;
architecture ADCTRL of ad5501a is
    type adsstates is(sta0,stal);
    signal ads_state,next_adsstate: adsstates;
    signal lock: std_logic;
```

```
begin
ads：PROCESS(ads_state)
BEGIN
    CASE ads_state is
    WHEN sta0=>ADck<='1';
        lock<='l'; dclk<='1';
        next_ads_state<=sta1;
    WHEN sta1=>ADck<='0';
        lock<='0';
        dclk<='1';
        next_adS_state<=sta0;
    WHEN OTHERS=>ADck<='0';
        lock<='0';
        dclk<='1';
        next_ads_state<=sta0;
    END CASE;
END PROCESS;
PROCESS(CLK,rst)
    BEGIN
    IF RST='0'THEN adss_tate<=sta0;
    ELSIF(CLK'EVENT AND CLK='1')THEN
            ads_state<=next_ads_state;
    END IF;
END PROCESS;
PROCESS(lock,rst)
    BEGIN
    IF RST='0' THEN data<=(others=>'0');
        ELSIF(lock'EVENTANDlock='1')THEN data<=D;
    END IF;
END PROCESS;
ADoe<='0';
endADCTRL;
```

(3)编写完成后保存为 ad5510a.vhd，选择 Processing→Start Compilation 菜单项，编译源文件。

(4)编译完成后，选择 File→Create→Update→Create Symbol File for Current File 菜单项生成模块 ad5510a.bsf。

(5)按照步骤(2)～(4)依次创建 VHDL 文件，生成相应的 ScopeVRAM.bsf、ScopeTring.bsf 和 sfl.bsf 文件。

(6)本实验 CPU 由 Nios Ⅱ处理器构成，包括闪存、SDRAM、SRAM、JTAG_UART 等硬件。选择 Tools→Qsys 菜单项，在 Qsys 元件模拟池中选择 Embeded Processors→Nios Ⅱ Processors 选项，在弹出的对话框中选择标准型处理器，JTAG Debug Module 选择 Level3。

(7)添加 Flash。选择 Memories and Memory Controllers→Flash 选项，在弹出的对话框中保持默认设置，并重命名为 flash。

(8)添加 SDRAM。在元件模拟池搜索栏中输入 sdram，在搜索结果中找到 SDRAM Controller，如图 5.7.2 所示设置相关参数，并重命名为 sdram。

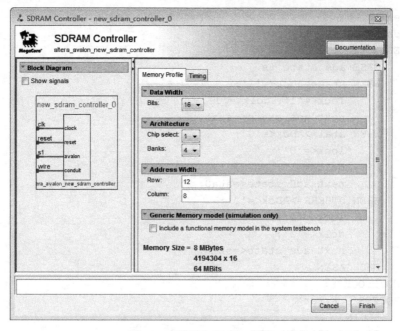

图 5.7.2　设置 SDRAM 参数

(9)添加 JTAG_UART。在元件模拟池搜索栏中输入 jtag_uart，在搜索结果中找到 JTAG UART，在弹出的对话框中保持默认选择，并重命名为 jtag_uart。

(10)添加 PIO。此处需要设置四个 PIO，如图 5.7.3 设置并分别命名为 led_green、led_red、led_button、led_switch。

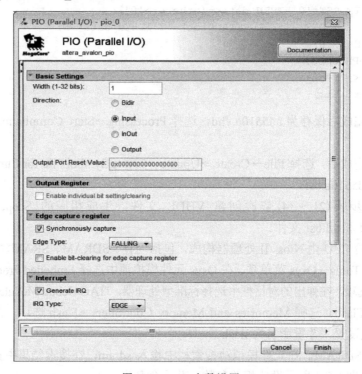

图 5.7.3　PIO 参数设置

（11）添加 Altera Avalon LCD 16207。在元件模拟池搜索栏中输入 avalon，在搜索结果中找到 Altera Avalon LCD 16207，在弹出的对话框中保持默认选择，并重命名为 lcd。

（12）连接各组件，并设置基址。在 cpu 的 Reset vector memory 和 Exception vector memory 下拉列表框中选择 on_chip_ram。命名为 qsys，单击 Generation 按钮生成 Nios 系统。

（13）选择 Tools→MegaWizard Plug-In Manager 选项，在搜索栏中输入 lpm，在搜索结果中单击 LPM_COMPARE，弹出比较器的设置对话框。此处需要设置 5 个比较器。首先添加 lpm_compare0。在弹出的设置对话框中，按照图 5.7.4 设置 lpm_compare0 的输入数据位宽和输入数据类型。

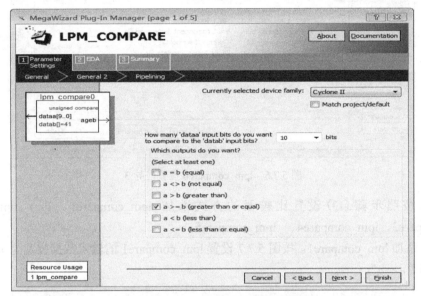

图 5.7.4　lpm_compare0 设置向导 1

（14）按照图 5.7.5 设置小数值为 41，比较器类型为 Unsigned。

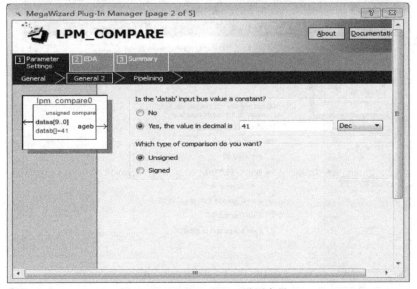

图 5.7.5　lpm_compare0 设置向导 2

（15）按照图 5.7.6 选择 lpm_compare0.cmp 和 lpm_compare0.bsf 复选框。

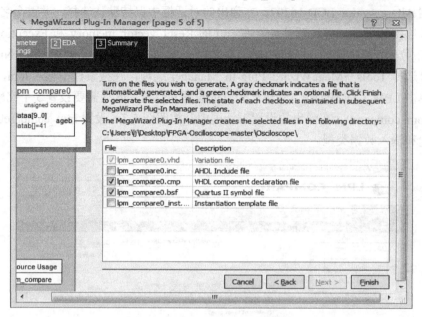

图 5.7.6　lpm_compare0 设置向导 3

（16）按照步骤（13）设置比较器的方式添加 lpm_compare1、lpm_compare2、lpm_compare3、lpm_compare4、 lpm_compare5。

（17）添加 lpm_compare1。按图 5.7.7 设置 lpm_compare1 的输入数据位宽为 10，输出类型选择"a>=b"。

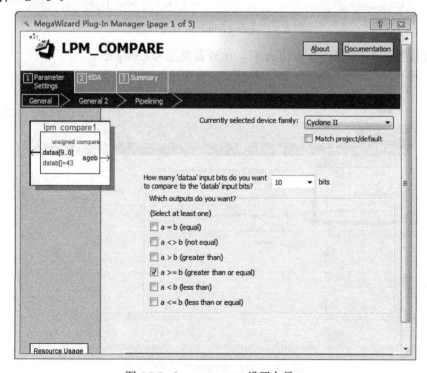

图 5.7.7　lpm_compare1 设置向导 1

(18) 按照图 5.7.8 设置小数值为 43，比较器类型为 Unsigned。其他地方保持默认设置。

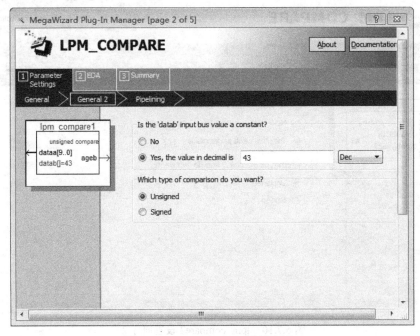

图 5.7.8　lpm_compare1 设置向导 2

(19) 添加 lpm_compare2。按照图 5.7.9 设置 lpm_compare2 的输入数据位宽为 10，输出类型为 "a<b"。

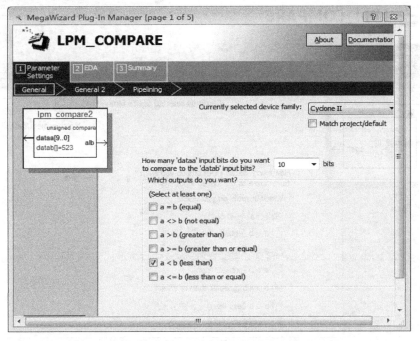

图 5.7.9　lpm_compare2 设置向导 1

(20) 按照图 5.7.10 设置小数值为 523，比较器类型为 Unsigned。其他地方保持默认设置。

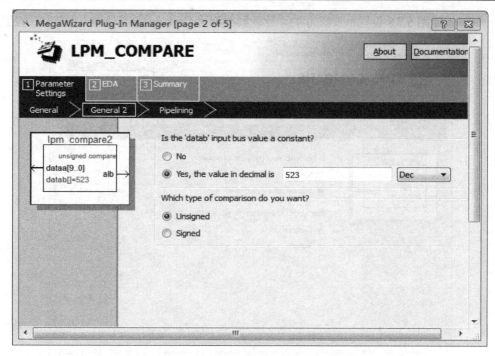

图 5.7.10　lpm_compare2 设置向导 2

（21）添加 lpm_compare3。按照图 5.7.11 设置输入数据位宽为 9，输出类型为"a>=b"。

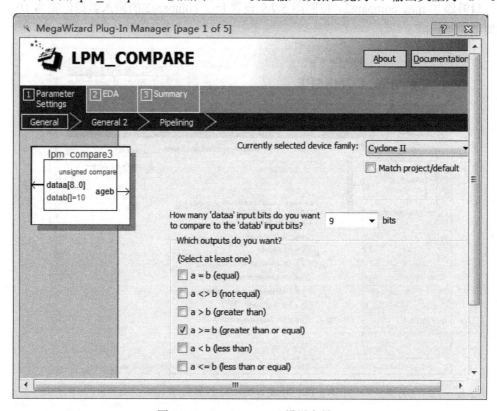

图 5.7.11　lpm_compare3 设置向导 1

(22)按照图 5.7.12 所示设置小数值为 10，比较器类型为 Unsigned，其他地方保持默认设置。

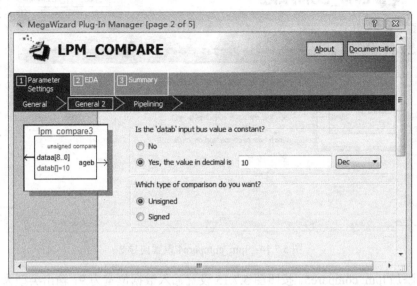

图 5.7.12　lpm_compare3 设置向导 2

(23)添加 lpm_compare4。按照图 5.7.13 所示设置输入数据位宽为 9，输出类型为 "a>=b"。

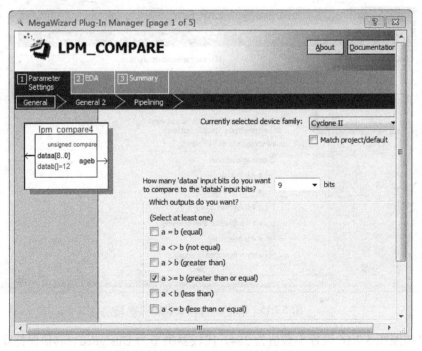

图 5.7.13　lpm_compare4 设置向导 1

(24)按照图 5.7.14 所示设置小数值为 12，比较器类型为 Unsigned。其他地方保持默认设置。

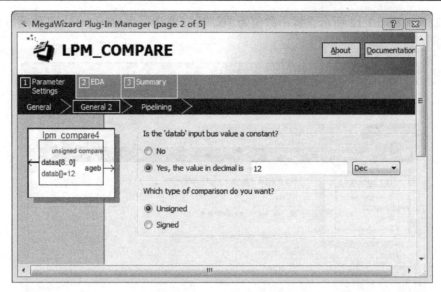

图 5.7.14　lpm_compare4 设置向导 2

(25) 添加 lpm_compare5。按照图 5.7.15 设置输入数据位宽为 9, 输出类型为 "a<b"。

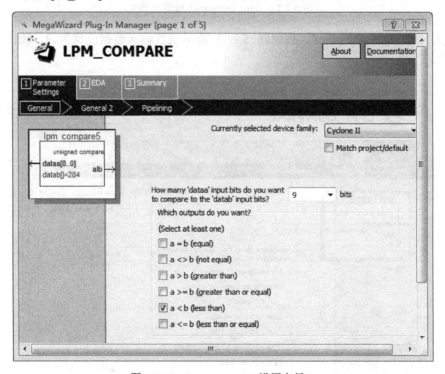

图 5.7.15　lpm_compare5 设置向导 1

(26) 按照图 5.7.16 设置小数值为 284, 比较器类型为 Unsigned。其他保持默认设置。

(27) 选择 Tools→MegaWizard Plug-In Manager 菜单项, 在搜索栏中输入 lpm, 在搜索结果中单击 LPM_CONSTANT, 此处需要设置 3 个常数发生器。按照图 5.7.17 设置 lpm_constant0 相关参数, 其他地方保持默认设置。

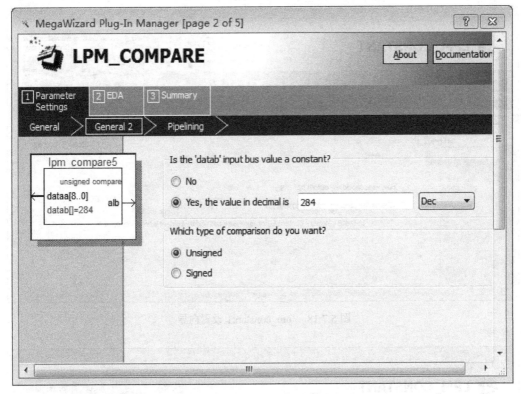

图 5.7.16　lpm_compare5 设置向导 2

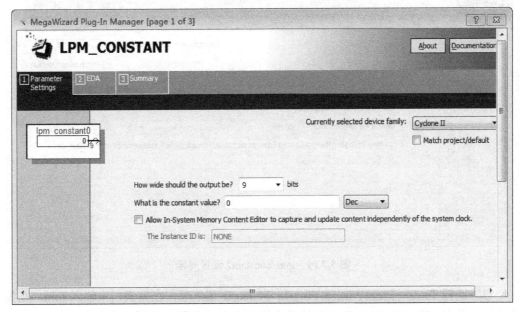

图 5.7.17　lpm_constant0 设置向导

(28) 按照图 5.7.18 设置 lpm_constant1 相关参数，其他地方保持默认设置。
(29) 按照图 5.7.19 设置 lpm_constant2 相关参数，其他地方保持默认设置。

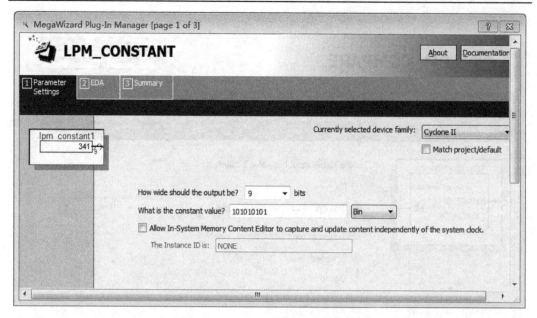

图 5.7.18　lpm_constant1 设置向导

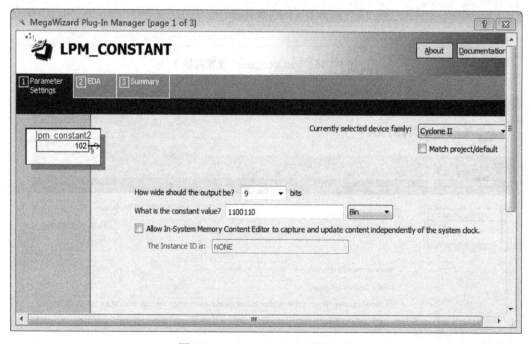

图 5.7.19　lpm_constant2 设置向导

（30）选择 Tools→MegaWizard Plug-In Manager 菜单项，在搜索栏中输入 lpm，在搜索结果中单击 LPM_COUNTER，此处需要设置 3 个计数器，分别命名为 lpm_counter0、lpm_ counter 1、lpm_ counter 2。本实验以设置 lpm_counter0 为例。与 lpm_counter0 不同的是，lpm_ counter 1 和 lpm_ counter 2 在设置时只需要将输出位数分别修改为 9、10 即可。添加 lpm_ counter 0，在弹出的界面中按照图 5.7.20 设置输出位宽为 2。

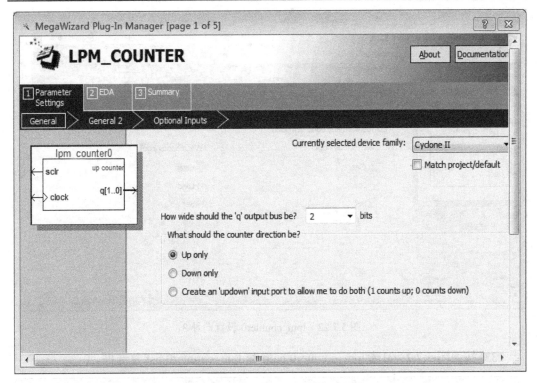

图 5.7.20 lpm_counter0 设置向导 1

(31)按照图 5.7.21 设置计数器类型。

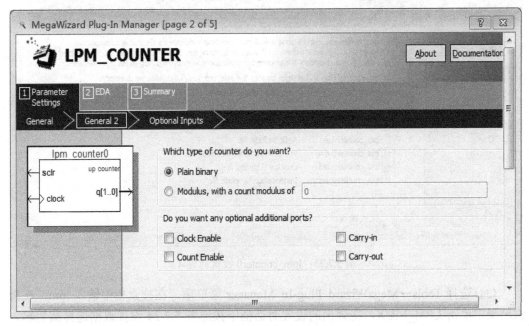

图 5.7.21 lpm_counter0 设置向导 2

(32)按照图 5.7.22 在 Synchronous inputs 中勾选 Clear 复选框。

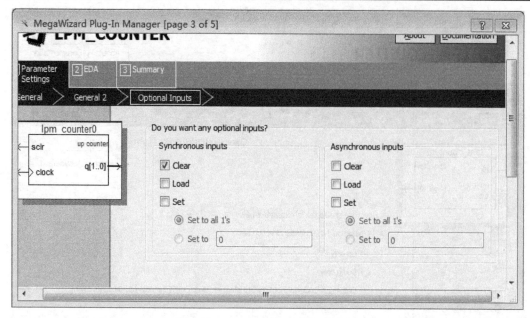

图 5.7.22　lpm_counter0 设置向导 3

（33）按照图 5.7.23 勾选 lpm_counter0.cmp 和 lpm_counter0.bsf 复选框。

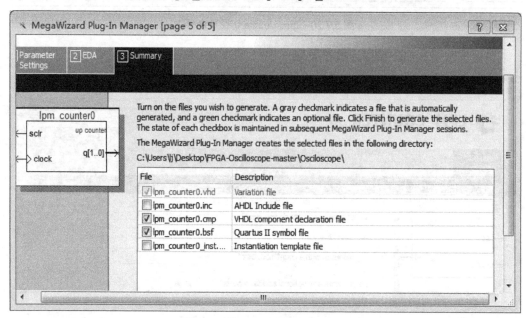

图 5.7.23　lpm_counter0 设置向导 4

（34）选择 Tools→MegaWizard Plug-In Manager 菜单项，在搜索栏中输入 lpm，在搜索结果中单击 LPM_MUX，在弹出的设置对话框中按照图 5.7.24 设置数据选择器的输入和输出位宽。

（35）选择 lpm_mux0.cmp、lpm_mux0.bsf 复选框，单击 Finish 按钮退出并命名为 lpm_mux。

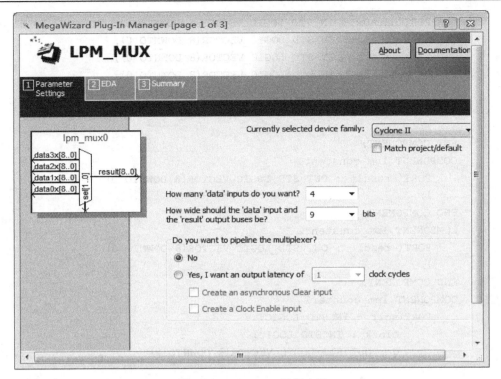

图 5.7.24　lpm_mux 设置向导

(36) 选择 File→New 菜单项，创建 VHDL 设计文件，打开文本编辑器界面编写如下顶层文件，源程序如下：

```
LIBRARY ieee;
USE ieee.std_logic_1164.all;
LIBRARY work;
ENTITY oscilloscope IS
    PORT
    (
        RESET_IN    :   IN  STD_LOGIC;
        HSYNC_IN    :   IN  STD_LOGIC;
        CLK_IN      :   IN  STD_LOGIC;
        SRT_IN      :   IN  STD_LOGIC;
        CS_IN       :   IN  STD_LOGIC;
        RW_IN       :   IN  STD_LOGIC;
        RAS         :   OUT STD_LOGIC;
        CAS         :   OUT STD_LOGIC;
        TRG         :   OUT STD_LOGIC;
        WE          :   OUT STD_LOGIC;
        BUSY        :   OUT STD_LOGIC;
        ADDR        :   OUT STD_LOGIC_VECTOR(8 DOWNTO 0)
    );
END oscilloscope;
ARCHITECTURE bdf_type OF oscilloscope IS
COMPONENT lpm_mux0
```

```vhdl
    PORT(data0x : IN STD_LOGIC_VECTOR(8 DOWNTO 0);
        data1x : IN STD_LOGIC_VECTOR(8 DOWNTO 0);
        data2x : IN STD_LOGIC_VECTOR(8 DOWNTO 0);
        data3x : IN STD_LOGIC_VECTOR(8 DOWNTO 0);
        sel : IN STD_LOGIC_VECTOR(1 DOWNTO 0);
        result : OUT STD_LOGIC_VECTOR(8 DOWNTO 0)
    );
END COMPONENT;
COMPONENT lpm_constant1
    PORT( result : OUT STD_LOGIC_VECTOR(8 DOWNTO 0)
    );
END COMPONENT;
COMPONENT lpm_constant2
    PORT( result : OUT STD_LOGIC_VECTOR(8 DOWNTO 0)
    );
END COMPONENT;
COMPONENT lpm_counter1
    PORT(sclr : IN STD_LOGIC;
        clock : IN STD_LOGIC;
        q : OUT STD_LOGIC_VECTOR(8 DOWNTO 0)
    );
END COMPONENT;
COMPONENT lpm_constant0
    PORT( result : OUT STD_LOGIC_VECTOR(8 DOWNTO 0)
    );
END COMPONENT;
COMPONENT ScopeVRAM
    PORT(clk : IN STD_LOGIC;
        reset : IN STD_LOGIC;
        cs : IN STD_LOGIC;
        rw : IN STD_LOGIC;
        srt : IN STD_LOGIC;
        RAS : OUT STD_LOGIC;
        CAS : OUT STD_LOGIC;
        TRG : OUT STD_LOGIC;
        WE : OUT STD_LOGIC;
        ACK : OUT STD_LOGIC;
        BUSY : OUT STD_LOGIC;
        AS : OUT STD_LOGIC_VECTOR(1 DOWNTO 0)
    );
END COMPONENT;
SIGNAL ADDRESS : STD_LOGIC_VECTOR(17 DOWNTO 0);
SIGNAL CS : STD_LOGIC;
SIGNAL RESET : STD_LOGIC;
SIGNAL RW : STD_LOGIC;
SIGNAL SYS_CLK : STD_LOGIC;
SIGNAL SYNTHESIZED_WIRE_0 : STD_LOGIC_VECTOR(8 DOWNTO 0);
```

```vhdl
SIGNAL  SYNTHESIZED_WIRE_1 :  STD_LOGIC_VECTOR(8 DOWNTO 0);
SIGNAL  SYNTHESIZED_WIRE_2 :  STD_LOGIC_VECTOR(1 DOWNTO 0);
SIGNAL  SYNTHESIZED_WIRE_3 :  STD_LOGIC;
SIGNAL  SYNTHESIZED_WIRE_4 :  STD_LOGIC;
SIGNAL  SYNTHESIZED_WIRE_5 :  STD_LOGIC;
SIGNAL  SRFF_inst3 :  STD_LOGIC;
BEGIN
SYNTHESIZED_WIRE_3 <= '1';
SYNTHESIZED_WIRE_4 <= '1';
b2v_ADDR_MUX : lpm_mux0
PORT MAP(data0x => ADDRESS(8 DOWNTO 0),
         data1x =>ADDRESS(17 DOWNTO 9),
         data2x => SYNTHESIZED_WIRE_0,
         data3x => SYNTHESIZED_WIRE_1,
         sel => SYNTHESIZED_WIRE_2,
         result => ADDR);


b2v_inst : lpm_constant1
PORT MAP( result => ADDRESS(17 DOWNTO 9));
PROCESS(SYS_CLK,SYNTHESIZED_WIRE_4,SYNTHESIZED_WIRE_3)
VARIABLE synthesized_var_for_SRFF_inst3 : STD_LOGIC;
BEGIN
IF (SYNTHESIZED_WIRE_4 = '0')THEN
    synthesized_var_for_SRFF_inst3 := '0';
ELSIF (SYNTHESIZED_WIRE_3 = '0')THEN
    synthesized_var_for_SRFF_inst3 := '1';
ELSIF (RISING_EDGE(SYS_CLK))THEN
    synthesized_var_for_SRFF_inst3 := (NOT(synthesized_var_for_SRFF_inst3)AND
SRT_IN)OR (synthesized_var_for_SRFF_inst3 AND (NOT(SYNTHESIZED_WIRE_5)));
END IF;
    SRFF_inst3 <= synthesized_var_for_SRFF_inst3;
END PROCESS;
b2v_inst4 : lpm_constant2
PORT MAP( result => ADDRESS(8 DOWNTO 0));
b2v_ROW_TRANSFER_COUNTER : lpm_counter1
PORT MAP(sclr => RESET,
         clock => HSYNC_IN,
         q => SYNTHESIZED_WIRE_0);
b2v_SRT_COL_START : lpm_constant0
PORT MAP( result => SYNTHESIZED_WIRE_1);
b2v_STATE_MACHINE :scopevram
PORT MAP(clk => SYS_CLK,
         reset => RESET,
         cs => CS,
         rw => RW,
         srt => SRFF_inst3,
         RAS => RAS,
```

```
                    CAS => CAS,
                    TRG => TRG,
                    WE => WE,
                    ACK => SYNTHESIZED_WIRE_5,
                    BUSY => BUSY,
                    AS => SYNTHESIZED_WIRE_2);
        SYS_CLK <= CLK_IN;
        RESET <= RESET_IN;
        CS <= CS_IN;
        RW <= RW_IN;
        END bdf_type;
```

(37)编译工程。选择 Processing→Start Compilation 菜单项对工程进行编译。

(38)配置 FPGA。选择 Tools→Programmer 菜单项，将编译生成的 SOF 文件下载到目标板上。

(39)设置好工作空间后，单击 OK 按钮进入 Nios Ⅱ 13.0 软件编辑页面，选择 File→New→Nios Ⅱ Application and BSP from Template 菜单项。

(40)在 Target hardware information 栏里的 SOPC Information File name 框中选择 qsys-nios.sopcinfo 文件，Project name 为 oscilloscope，在 Templates 区域选择 Hello World 模板。

(41)在工程窗口中选择 oscilloscope，选择 Hello World.c 文件，通过编辑 Hello World.c 进行 KEY、LCD 显示与 VRAM 数据传输的软件设计。首先进行 LEY 获取键盘输入的设计，然后是 LCD 显示控制的时序设计，此设计参考 LCD 显示实验，最后设计的是主程序，用来处理按键中断和 ADC 的中断。

keypro.c 源程序如下：

```
#include "scopedef.h"
#include "keyproc.h"
#include "menu.h"
enumstatus no_action(enum status cur_state)
{
return cur_state;
}
enumstatus menu_key(enum status cur_state)
{
    if (cur_state == MENU_ON)
        clear_menu();
    else
    display_menu();
        if (cur_state == MENU_ON)
            return MENU_OFF;
        else
    return MENU_ON;
}
enumstatus menu_up(enum status cur_state)
{
```

```
previous_entry();
return  cur_state;
}
enumstatus  menu_down(enum status cur_state)
{
next_entry();
return  cur_state;
}
enumstatus  menu_left(enum status cur_state)
{
menu_entry_left();
return  cur_state;
}
enumstatus  menu_right(enum status cur_state)
{
menu_entry_right();
return  cur_state;
}
```

lcdout.c 源程序如下：

```
#include  "interfac.h"
#include  "scopedef.h"
#include  "lcdout.h"
void  clear_region(int x_ul, int y_ul, int x_size, int y_size)
{
int  x;
int  y;
      for (x = x_ul; x < (x_ul + x_size); x++){
      for (y = y_ul; y < (y_ul + y_size); y++){
      plot_pixel(x, y, PIXEL_WHITE);
      }
   }
   return;
}
void  plot_hline(int start_x, int start_y, int length)
{
int  x;
int  init_x;
int  end_x;
   if (length > 0){
   init_x = start_x;
   end_x = start_x + length;
   }
else  {
init_x = start_x + length;
```

```c
        end_x = start_x;
        }
    for (x = init_x; x <end_x; x++)
    plot_pixel(x, start_y, PIXEL_BLACK);
    return;
}
void plot_vline(int start_x, int start_y, int length)
{
int  y;
int  init_y;
int  end_y;
    if (length > 0){
      init_y = start_y;
    end_y = start_y + length;
    }
else {
    init_y = start_y + length;
      end_y = start_y;
    }
      for (y = init_y; y <end_y; y++)
      plot_pixel(start_x, y, PIXEL_BLACK);
      return;
}
void plot_char(int pos_x, int pos_y, char c, enumchar_style style)
{
    extern const unsigned char char_patterns[(VERT_SIZE - 1)* 128];
int  bits;
int  col;
int  row;
int  x;
int  y;
    x = pos_x * HORIZ_SIZE;
    y = pos_y * VERT_SIZE;
    for (row = 0; row < VERT_SIZE; row++){
    if (row == (VERT_SIZE - 1))
          bits = 0;
    else
          bits = char_patterns[(c * (VERT_SIZE - 1))+ row];
      if (style == REVERSE)
          bits = ~bits;
    bits <<= (8 - HORIZ_SIZE);
    for (col = 0; col < HORIZ_SIZE; col++){
        if ((bits & 0x80)== 0)
          plot_pixel(x + col, y, PIXEL_WHITE);
```

```
        else
            plot_pixel(x + col, y, PIXEL_BLACK);
                bits <<= 1;
            }
        y++;
    }
        return;
    }
void plot_string(int pos_x, int pos_y, const char *s, enumchar_style style)
{
    while (*s != '\0')
    plot_char(pos_x++, pos_y, *s++, style);
    return;
}
```

Hello world.c 源程序如下：

```c
#include "interfac.h"
#include "keyproc.h"
#include "lcdout.h"
int  main()
{
enum keycode        key;
enum status         state = MENU_ON;
    unsigned char       *sample;
 static enumstatus (* const process_key[NUM_KEYCODES][NUM_STATES])(enum status)=
{ {menu_key,    menu_key    },
{ menu_up,     no_action   },
{ menu_down,   no_action   },
{ menu_left,   no_action   },
{ menu_right,  no_action   },
{ no_action,   no_action   } };
clear_display();
while(TRUE){
    if (trace_rdy())
        do_trace();
    if (is_sampling()&& ((sample = sample_done())!= NULL)){
        plot_trace(sample);
        trace_done();
    }
    if (key_available()){
        key = key_lookup();
        state = process_key[key][state](state);
    }
}
```

```
    return  0;
    }
static  enum keycode  key_lookup()
{
    const static enumkeycode  keycodes[] =
        {
          KEYCODE_MENU,
          KEYCODE_UP,
          KEYCODE_DOWN,
          KEYCODE_LEFT,
          KEYCODE_RIGHT,
          KEYCODE_ILLEGAL
        };
    const static int  keys[] = {
      KEY_MENU,
      KEY_UP,
      KEY_DOWN,
      KEY_LEFT,
      KEY_RIGHT,
        };
    int  key;
    int  i;
        key = getkey();
        for (i = 0; ((i< (sizeof(keys)/sizeof(int)))&& (key != keys[i])); i++);
    return  keycodes[i];
    }
```

(42) 右击 Osciloscope 工程，选择 Build Project 选项，编译完成后，单击保存。在 Nios Ⅱ IDE 界面，右击 Osciloscope 工程，选择 Run As→Nios Ⅱ Hardware 菜单项，系统会自动探测 JTAG 连接电缆，在 Main 选项卡的 Project 中选择刚才建立的工程 Osciloscope t，在 Target Connection 选项卡中选择要使用的下载电缆，选择 USB-Blaster [USB-0]。其他设置保持默认选项，单击 Run 按钮后可在目标板的 LCD 上观察到结果。

6. 实验结果

分析实验结果，判断电路的逻辑功能是否满足设计要求；对调试中遇到的问题及解决方法进行分析总结。对设计源程序、仿真波形、引脚分配情况、封装后的元件符号等进行截图，完成实验报告。

附　录

附录 1　软件使用说明

1.　软件运行环境

操作系统：Windows 98/NT/2000/XP。

2.　安装软件

安装操作如下：

(1)通过"资源管理器"，找到光盘驱动器本软件安装目录下的安装包 CMX.exe，双击执行它，按屏幕提示进行安装操作。

(2)TDX-CMX 软件安装成功后，在"开始"菜单的"程序"项里将出现 CMX 程序组，单击 CMX 即可执行程序。卸载软件联机软件提供了自卸载功能，使用户可以方便地删除 TDX-CMX 的所有文件、程序组或快捷方式。执行"开始"→"程序"命令打开 CMX 的程序组，然后运行"卸载"项，就可执行卸载功能，按照屏幕提示操作即可以安全、快速地删除 TDX-CMX。

1)TDX-CMX 软件界面窗口介绍

主界面由指令区、输出区和图形区三部分组成，如附图 1.1 所示。

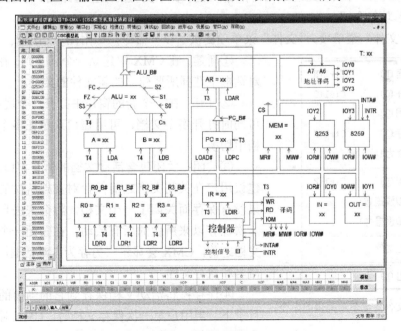

附图 1.1　软件主界面

(1)指令区。分为机器指令区和微指令区,指令区下方有两个 Tab 按钮,可通过按钮在两者之间切换。

①机器指令区:分为两列,第一列为主存地址(00~FF,共 256 个单元),第二列为每个地址所对应的数值。串口通信正常且串口无其他操作,可以直接修改指定单元的内容,单击要修改单元的数据,此时单元格会变成一个编辑框,即可输入数据,编辑框只接收两位合法的 16 进制数,按回车键确认,或单击其他区域,即可完成修改工作。按下 Esc 键可取消修改,编辑框会自动消失,恢复显示原来的值,也可以通过上、下方向键移动编辑框。

②微指令区:分为两列,第一列为微控器地址(00~3F,共 64 个单元),第二列为每个地址所对应的微指令,共 6 字节。修改微指令操作和修改机器指令一样,只不过微指令是 6 位,而机器指令是 2 位。

(2)输出区。输出区由输出页、输入页和结果页组成。

①输出页:在数据通路图中打开,且该通路中用到微程序控制器,运行程序时,输出区用来实时显示当前正在执行的微指令和下条将要执行的微指令的 24 位微码及其微地址。当前正在执行微指令的显示可通过菜单命令"设置"→"当前微指令"进行开关。

②输入页:可以对微指令进行按位输入及模拟,单击 ADDR 值,此时单元格会变成一个编辑框,即可输入微地址,输入完毕后按回车键,编辑框消失,后面的 24 位代表当前地址的 24 位微码,微码值用红色显示,单击微码值可使该值在 0 和 1 之间切换。在数据通路图打开时,单击"模拟"按钮,可以在数据通路图中模拟该微指令的功能,单击"修改"按钮则可以将当前显示的微码值下载到下位机。

③结果页:用来显示一些提示信息或错误信息,保存和装载程序时会在这一区域显示一些提示信息。在系统检测时,也会在这一区域显示检测状态和检测结果。

(3)图形区:可以在此区域编辑指令,显示各个实验的数据通路图、示波器界面等。

2)菜单功能介绍

(1)"文件"菜单项。"文件"菜单项提供了以下命令,如附图 1.2 所示。

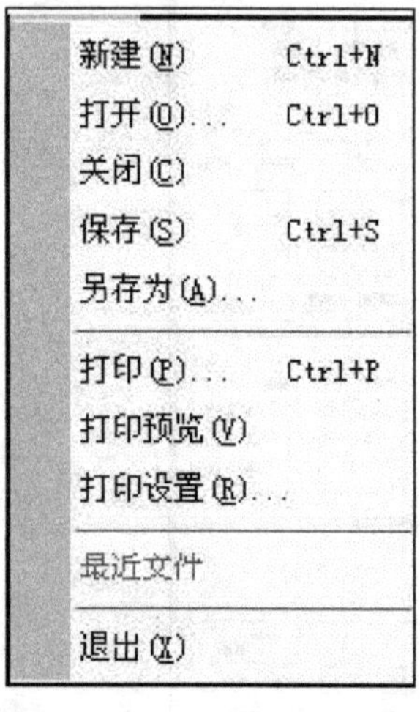

①新建:在 CMX 中建立一个新文档。在文件新建对话框中选择所要建立的新文件的类型。

②打开:在一个新的窗口中打开一个现存的文档。可同时打开多个文档,可用窗口菜单在多个打开的文档中切换。

③关闭:关闭包含活动文档的所有窗口。CMX 会建议用户在关闭文档之前保存对文档所做的改动。如果没有保存而关闭了一个文档,将会失去自用户最后一次保存以来所做的所有改动。在关闭一个无标题的文档之前,CMX 会显示"另存为"对话框,建议用户命名和保存文档。

附图 1.2 "文件"菜单项提供的命令

④保存:将活动文档保存到它的当前的文件名和目录下。当用户第一次保存文档时,CMX 显示"另存为"对话框以便用户命名自己的文档。如果在保存之

前，想改变当前文档的文件名和目录，可选用"另存为"命令。

⑤另存为：保存并命名活动文档。CMX 会显示"另存为"对话框以便用户命名自己的文档。

⑥打印：打印一个文档。在此命令提供的打印对话框中，用户可以指明要打印的页数范围、副本数、目标打印机，以及其他打印机设置选项。

⑦打印预览：按要打印的格式显示活动文档。当用户选择此命令时，主窗口就会被一个打印预览窗口所取代。这个窗口可以按它们被打印时的格式显示一页或两页。打印预览工具栏提供选项使用户可选择一次查看一页或两页，在文档中前后移动，放大和缩小页面，以及开始一个打印作业。

⑧打印设置：选择一台打印机和一个打印机连接。在此命令提供的打印设置对话框中，可以指定打印机及其连接。

⑨最近文件。用户可以通过此列表，直接打开最近打开过的文件，共四个。

⑩退出：结束 CMX 的运行阶段。用户也可使用应用程序控制菜单上的关闭命令。

(2)"编辑"菜单项。"编辑"菜单项提供了以下命令，如附图 1.3 所示。

①撤销：撤销上一步编辑操作。

②剪切：将当前被选取的数据从文档中删除并放置于剪贴板上。若当前没有数据被选取，则此命令不可用。

③复制：将被选取的数据复制到剪切板上。若当前无数据被选取，则此命令不可用。

④粘贴：将剪贴板上内容的一个副本插入到插入点处。若剪贴板是空的，则此命令不可用。

(3)"查看"菜单项。"查看"菜单项提供了以下命令，如附图 1.4 所示。

附图 1.3　"编辑"菜单项提供的命令　　　　附图 1.4　"查看"菜单项提供的命令

①工具栏：显示和隐藏工具栏，工具栏包括 CMX 中一些最普通命令的按钮。当工具栏被显示时，在菜单项目的旁边会出现一个打钩记号。

②指令区：显示和隐藏指令区，当指令区被显示时，在菜单项目的旁边会出现一个打钩记号。

③输出区：显示和隐藏输出区，当输出区被显示时，在菜单项目的旁边会出现一个打钩记号。

④状态栏：显示和隐藏状态栏。状态栏描述了被选取的菜单项目或被按下的工具栏按钮，以及键盘的锁定状态将要执行的操作。当状态栏被显示时，在菜单项目的旁边会出现一个打钩记号。

(4)"端口"菜单项。"端口"菜单项提供了以下命令，如附图 1.5 所示。

①串口选择：选择通信端口，选择该命令时会弹出附图 1.6 所示的对话框。该命令会自动检测当前系统可用的串口号，并列于组合框中，选择某一串口后，单击"确定"

按钮，对选定串口进行初始化操作，并进行联机测试，报告测试结果，如果联机成功，则会将指令区初始化。

附图 1.5 "端口"菜单项提供的命令　　　附图 1.6 "串口选择"对话框

②串口测试：对当前选择的串口进行联机通信测试，并报告测试结果，只测一次，如果联机成功，则会将指令区初始化。若串口不能正常初始化，则此命令不可用。

（5）"实验"菜单项。"实验"菜单项提供了以下命令，如附图 1.7 所示。

①ALU&REG 实验：打开运算器实验数据通路图，如果该通路图已经打开，则把通路激活并置于最前面显示。

②CISC 模型机：打开 CISC 模型机数据通路图，如果该通路图已经打开，则把通路激活并置于最前面显示。

附图 1.7 "实验"菜单项提供的命令

③RISC 模型机：打开 RISC 模型机数据通路图，如果该通路图已经打开，则把通路激活并置于最前面显示。

④指令预取模型机：打开指令预取模型机数据通路图，如果该通路图已经打开，则把通路激活并置于最前面显示。

⑤三级流水模型机：打开流水模型机数据通路图，如果该通路图已经打开，则把通路激活并置于最前面显示。

⑥超标量流水模型机：打开超标量流水模型机数据通路图，如果该通路图已经打开，则把通路激活并置于最前面显示。

（6）"检测"菜单项。"检测"菜单项提供了以下命令，如附图 1.8 所示。

①连线检测。

a. 简单模型机。对简单模型机的连线进行检测，并在"输出区"的"结果页"显示相关信息。

b. 模型机。对复杂模型机的连线进行检测，并在"输出区"的"结果页"显示相关信息。

附图 1.8 "检测"菜单项提供的命令

②系统检测：启动系统检测，可以进行系统或整机检测。

③停止检测：停止系统检测。

（7）"转储"菜单项。"转储"菜单项提供了以下命令。

①装载数据：将上位机指定文件中的数据装载到下位机中，执行该命令会弹出"打开文件"对话框。可以打开任意路径下的*.txt 文件，如果指令文件合法，系统将把这些

指令装载到下位机中，装载指令时，系统提供了一定的检错功能，如果指令文件中有错误的指令，将会导致系统退出装载，并提示错误的指令行。指令文件中指令格式书写格式如附图 1.9 所示。

机器指令格式说明：

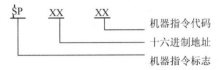

微指令格式说明：

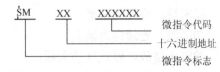

附图 1.9　指令文件中指令格式书写格式

②保存数据：将下位机中(主存、微控器)的数据保存到上位机。执行该命令时会弹出一个"保存数据"对话框，如附图 1.10 所示。

可以选择保存机器指令，此时首尾地址输入框将会变亮，否则首尾地址输入框将会变灰，在允许输入的情况下可以指定需要保存的首尾地址，微指令也是如此，数据到保存指定路径的*.txt 格式文件中。

③刷新指令区：从下位机读取所有机器指令和微指令，并在指令区显示。

(8)"调试"菜单项。"调试"菜单项提供了以下命令，如附图 1.11 所示。

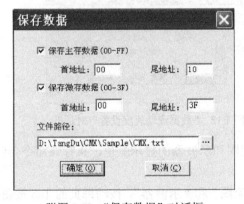

附图 1.10　"保存数据"对话框

附图 1.11　"调试"菜单项提供的命令

①微程序流图：当微控器实验、简单模型机和综合性实验中任一数据通路图打开时，可用此命令来打开指定的微程序流程图，执行该命令会弹出"打开文件"对话框。

②时序观测窗：运算器、存储器、简单模型机和综合性实验中任一数据通路图打开时，可用此命令来打开指定的时序观测窗。打开后弹出"选择观察信号"，勾选需要观察的信号，单击"确定"按钮。参考实验步骤单拍或者单步调试，可观察到时序图。

③单节拍：下位机发送单节拍命令，下位机完成一个节拍的工作。

④单周期：向下位机发送单周期命令，下位机完成一个机器周期的工作。

⑤单机器指令：向下位机发送单步机器指令命令，下位机运行一条机器指令。

⑥连续运行：向下位机发送连续运行命令，下位机将会进入连续运行状态。

⑦停止运行：如果下位机处于连续运行状态，此命令可以使下位机停止运行。

(9)"回放"菜单项。"回放"菜单项提供了以下命令。

①打开：打开现存的数据文件。

②运行：运行现存的数据文件。

③保存：保存当前的数据到数据文件。

④首端：跳转到前页。

⑤向后：向后翻一页。

⑥末端：跳转到末页。

⑦播放：连续向后翻页。

⑧停止播放：停止连续向后。

(10)"波形"菜单项。"波形"菜单项提供了以下命令。

①打开：打开示波器窗口。

②运行：启动示波器，如果下位机正运行程序则不启动。

③停止：停止处于启动状态的示波器。

(11)"设置"菜单项。"设置"菜单项提供了以下命令，如附图 1.12 所示。

①流动速度：设置数据通路图中的数据流动速度，选择命令会弹出一个"数据流动速度设置"对话框，如附图 1.13 所示。拖动滑块至适当位置，单击"确定"按钮即可完成设置。

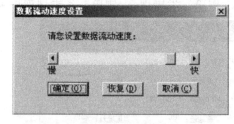

附图 1.12　"设置"菜单项提供的命令　　　附图 1.13　"数据流动速度设置"对话框

②系统颜色：设置数据通路、微程序流程图和示波器的显示颜色，执行该命令会弹出一个设置对话框，如附图 1.14 所示。

对话框分为三页，分别为"通路图"、"微流图"和"示波器"，按动每页的 Tab 按钮，可在三页之间切换。选择某项要设置的对象，然后单击"更改"按钮，或直接单击要设置对象的颜色框，可弹出颜色选择对话框，选定好颜色后，单击"应用"按钮，相应对象的颜色就可完成修改。

③当前微指令：设置"输出区"的"输出页"是否显示当前微指令，当前微指令用灰色显示，并在地址栏标记为 C，下条将要执行的微指令标记为 N。

(12)"窗口"菜单项。"窗口"菜单项提供了如附图 1.15 所示的命令。这些命令使用户能在应用程序窗口中安排多个文档的多个视图。

①新建窗口：打开一个具有与活动的窗口相同内容的新窗口。可同时打开数个文档窗口以显示文档的不同部分或视图。如果对一个窗口的内容做了改动，所有其他包含同一文档的窗口也会反映出这些改动。当打开一个新的窗口时，这个新窗口就成了活动的窗口并显示于所有其他打开的窗口之上。

②层叠：按相互重叠形式来安排多个打开的窗口。

③平铺：按互不重叠形式来安排多个打开的窗口。

④排列图标：在主窗口的底部安排被最小化的窗口的图标。如果在主窗口的底部有一个打开的窗口，则有可能会看不见某些或全部图标，因为它们在这个文档窗口的下面。

⑤窗口选择：CMX 在窗口菜单的底部显示出当前打开的文档窗口的清单。有一个打钩记号出现在活动的窗口的文档名前。从该清单中挑选一个文档可使其窗口成为活动窗口。

附图 1.14　"系统颜色设置"对话框

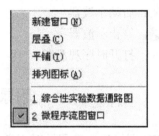

附图 1.15　"窗口"菜单项提供的命令

（13）"帮助"菜单项。"帮助"菜单项提供如附图 1.16 所示的命令。为用户提供使用这个应用程序的帮助。

附图 1.16　"帮助"菜单项提供的命令

①关于：显示用户的 CMX 版本的版权通告和版本号码。

②实验帮助：显示实验帮助的开场屏幕。从此开场屏幕，可以跳到关于 CMX 所提供实验的参考资料。

③软件帮助：显示软件帮助的开场屏幕。从此开场屏幕，可以跳到关于 CMX 设备的参考资料。

3）工具栏命令按钮介绍

：显示或隐藏指令区

：显示或隐藏输出区

：保存下位机数据

：向下位机装载数据

：刷新指令区数据

：打开实验帮助

：打开微程序流程图

：单节拍运行

：单周期运行

：单机器指令运行

：连续运行

：停止运行

📂：打开实验数据文件

💾：保存实验数据

⏮：跳转到首页

⏪：向前翻页

⏩：向后翻页

⏭：跳转到末页

▶：连续向后翻页

✖：停止向后翻页

〰：打开示波器窗口

➡：启动示波器

✖：停止示波器

⊓：打开时序观测窗

附录2　DE2 开发板简介

DE2 是 Altera 公司针对大学教学及研究机构推出的 FPGA 多媒体开发平台。DE2 为用户提供了丰富的外设及多媒体特性，并具有灵活而可靠的外围接口设计。DE2 能帮助使用者迅速理解和掌握实时多媒体工业产品设计的技巧，并提供系统设计的验证。DE2 平台的实际和制造完全按照工业产品标准进行，可靠性很高。DE2 开发板的硬件布局如附图 2.1 所示。

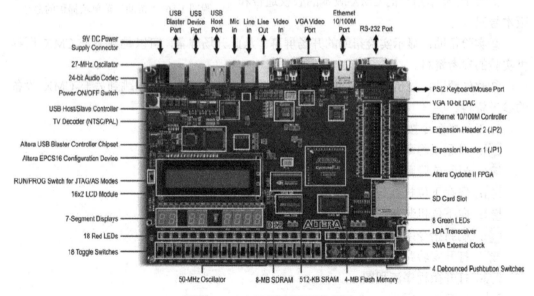

附图 2.1　DE2 开发板的硬件布局

DE2 的资源非常丰富，包括：

（1）核心的 FPGA 芯片 Cyclone Ⅱ 2C35 F672C6，从名称可以看出，它包含有 35000 个 LE，在 Altera 的芯片系列中，不算最多，但也绝对够用。Altera 下载控制芯片- EPCS16

以及 USB-Blaste 对 JTAG 的支持。

(2)存储用的芯片有 512KB SRAM、8MB SDRAM、4MB Flash Memory。

(3)经典 I/O 配置：拥有 4 个按钮，18 个拨动开关，18 个红色发光二极管，9 个绿色发光二极管，8 个七段数码管，16×2 字符液晶显示屏。

(4)超强多媒体：24 位 CD 音质音频芯片 WM8731(Mic 输入+LineIn+ 标准音频输出)，视频解码芯片(支持 NTSC/PAL 制式)，带有高速 DAC 视屏输出 VGA 模块。

(5)更多标准接口：通用串行总线(USB)控制模块以及 A、B 型接口，SD Card 接口，IrDA 红外模块，10/100M 自适应以太网络适配器，RS-232 标准串口，PS/2 键盘接口。

(6)其他：50M、27M 晶振各一个，支持外部时钟，80 针带保护电路的外接 I/O。

参 考 文 献

柴志雷, 李佩琦, 吴子刚, 等, 2019. 计算机组成原理在线实验教程: FPGA 远程实验平台教学与实践. 北京: 清华大学出版社.

陈新华, 2008. EDA 技术与应用. 北京: 机械工业出版社.

高健, 庄建军, 戚海峰, 等, 2020. FPGA 数字系统设计. 北京: 清华大学出版社.

郭军, 2012. 基于 FPGA 与 Verilog 的计算机组成原理实践. 北京: 清华大学出版社.

何宾, 2018. Xilinx FPGA 权威设计指南——基于 Vivado 2018 集成开发环境. 北京: 电子工业出版社.

刘昌华, 2019. EDA 技术与应用——基于 Qsys 和 VHDL. 北京: 清华大学出版社.

卢有亮, 2013. Xilinx FPGA 原理与实践——基于 Vivado 和 Verilog. 北京: 机械工业出版社.

梅雪松, 袁玉卓, 曾凯锋, 2017. FPGA 自学笔记——设计与验证. 北京: 北京航空航天大学出版社.

孙进平, 王俊, 李伟, 等, 2011. DSP/FPGA 嵌入式实时处理技术与应用. 北京: 北京航空航天大学出版社.

王晓迪, 张景秀, 2008. SOPC 系统设计与实践. 北京: 北京航空航天大学出版社.

吴厚航, 2017. 深入浅出玩转 FPGA. 3 版. 北京: 北京航空航天大学出版社.

杨军, 2012. 基于 FPGA 的计算机体系结构实践教程. 北京: 清华大学出版社.

杨军, 张坤, 梁颖, 等, 2019. 基于 FPGA 的 Qsys 实践教程. 北京: 科学出版社.

张丽荣, 2009. 基于 Quartus Ⅱ 的数字逻辑实验教程. 北京: 清华大学出版社.

张志刚, 2018. FPGA 与 SOPC 设计教程——DE2-115 实践. 2 版. 西安: 西安电子科技大学出版社.